图书在版编目（CIP）数据

动物特长生 /（挪威）卡特琳娜·维斯特尔著；（挪威）琳妮娅·维斯特尔绘；牟文婷译. -- 福州：海峡书局，2022.5（2022.12 重印）
ISBN 978-7-5567-0964-9

Ⅰ.①动… Ⅱ.①卡… ②琳… ③牟… Ⅲ.①动物—少儿读物 Ⅳ.①Q95-49

中国版本图书馆 CIP 数据核字 (2022) 第 071137 号

著作权合同登记号 图字：13-2022-014 号

Original title: Dyrenes Rekordbok

First published in Norway in 2020 by H. Aschehoug & Co. (W. Nygaard)

Published in agreement with Oslo Literary Agency and Rightol Media(本书中文简体版权经由锐拓传媒旗下小锐取得 Email:copyright@rightol.com)

作　　者　［挪威］卡特琳娜·维斯特尔
绘　　者　［挪威］琳妮娅·维斯特尔
译　　者　牟文婷
出 版 人　林　彬
选题策划　北京浪花朵朵文化传播有限公司　　出版统筹　吴兴元
编辑统筹　杨建国　　责任编辑　廖飞琴　俞晓佳
特约编辑　秦宏伟　　营销推广　ONEBOOK
装帧制造　墨白空间·闫献龙　　排　　版　张宝英

动物特长生
DONGWU TECHANGSHENG

出版发行　海峡书局　　社　　址　福州市白马中路 15 号海峡出版发行集团 2 楼
邮　　编　350001　　印　　刷　天津图文方嘉印刷有限公司
开　　本　787 mm × 1092 mm　1/8
印　　张　11　　字　　数　50 千字
版　　次　2022 年 5 月第 1 版　　印　　次　2022 年 12 月第 2 次印刷
书　　号　ISBN 978-7-5567-0964-9　　定　　价　110.00 元

读者服务　reader@hinabook.com 188-1142-1266
投稿服务　onebook@hinabook.com 133-6631-2326
直销服务　buy@hinabook.com 133-6657-3072
官方微博　@浪花朵朵童书

海峡出版发行集团 | 海峡书局
THE STRAITS PUBLISHING & DISTRIBUTING GROUP
浪花朵朵

[挪威]卡特琳娜·维斯特尔 著
[挪威]琳妮娅·维斯特尔 绘
牟文婷 译

卡特琳娜
琳妮娅
作者
绘者
姐妹

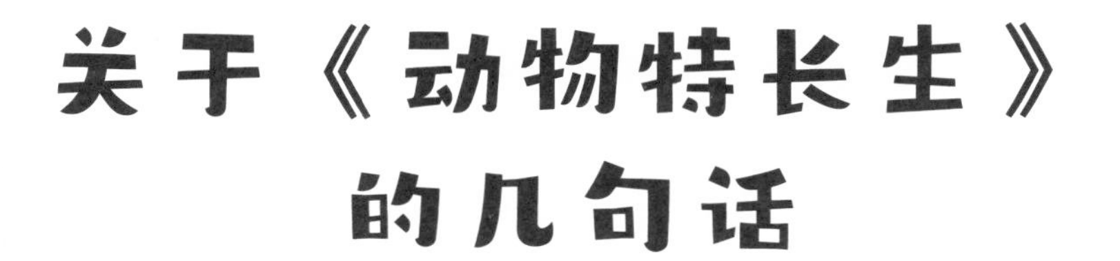

关于《动物特长生》的几句话

世界上到处都是神奇的动物。到目前为止，科学家发现并记录在册的动物超过了100万种！但仍有很多动物尚未被发现。每年人们都会发现成千上万种新动物，有些在森林深处，有些则在人迹罕至的深海之中。其实，人类并不是只有深入不毛之地才能发现新物种，就在不久前，有人在纽约市中心发现了一只从未见过的青蛙。

我们两姐妹是本书的作者和绘者，我们对地球上所有动物都抱有浓厚的兴趣。卡特琳娜是生物专业的，她了解了很多有关动物、植物和大自然的知识。现在，她正研究构成人体的基本单位：细胞。琳妮娅是位插画家，负责本书的插图。

本书分为不同的主题，如跳高、睡眠等。我们列出了每个主题下的动物的世界纪录。此外，你还能翻阅到许多有关动物的趣事。在每个主题下面，我们把生活在世界不同地方的动物放在了一起。本书的最后几页列出了书中所有的动物。我们在写作过程中查阅的书籍和网站信息也都附在了本书最后。

希望你能和我们一样喜欢这本讲述动物的科普图书！

欢迎走进《动物特长生》！

速度

哪些动物速度最快？

陆地上奔跑速度最快的动物

猎豹是陆地上跑得最快的动物，时速高达100多千米！
这个敏捷的猫科动物只能在短时间内维持这么高的速度。
因此，猎豹在捕猎之初总是悄悄地接近猎物，然后一跃而起，
扑倒猎物，整个过程不到1分钟。随后，不管有没有拿下这顿美餐，
猎豹都会休息片刻，积蓄体力。

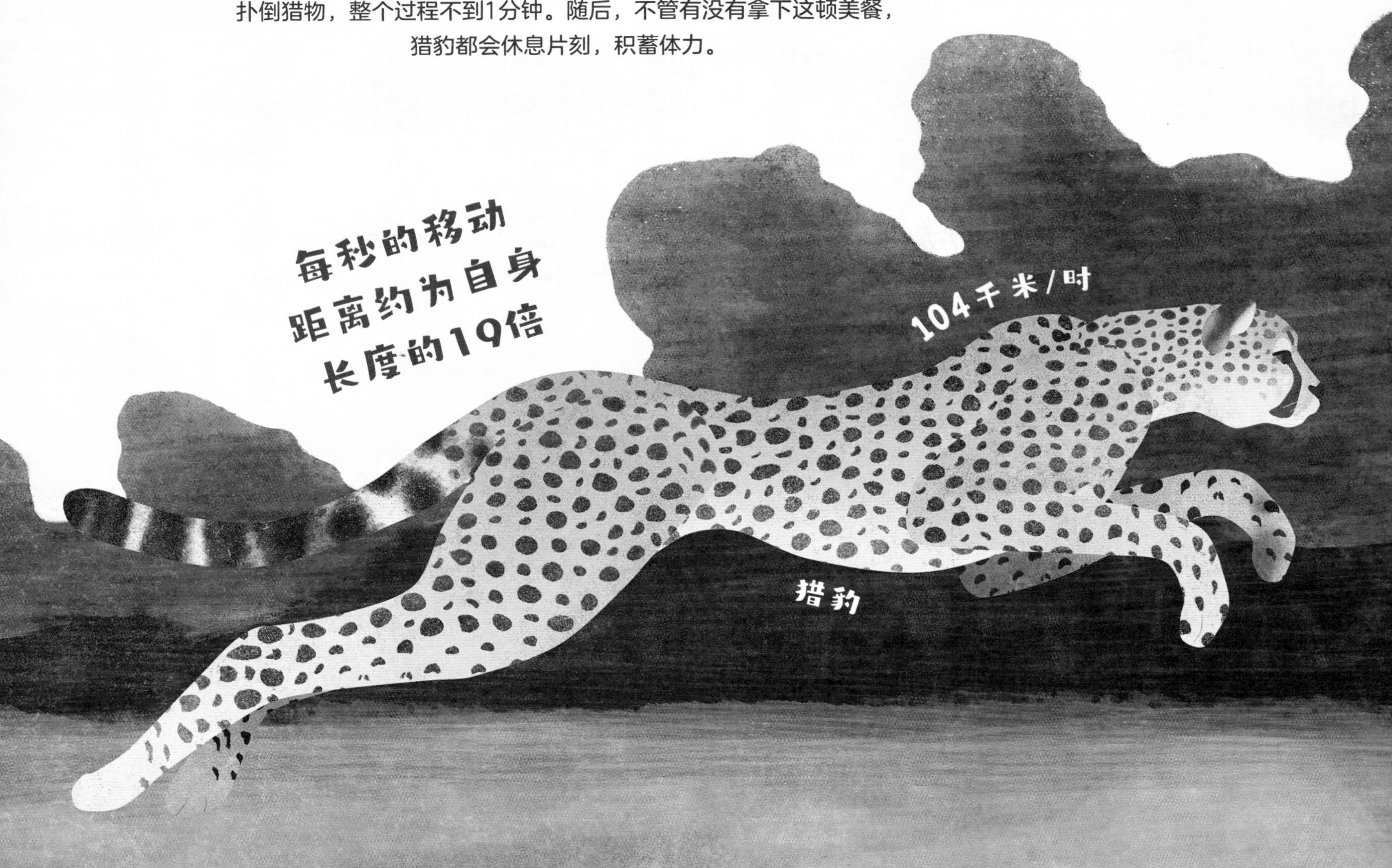

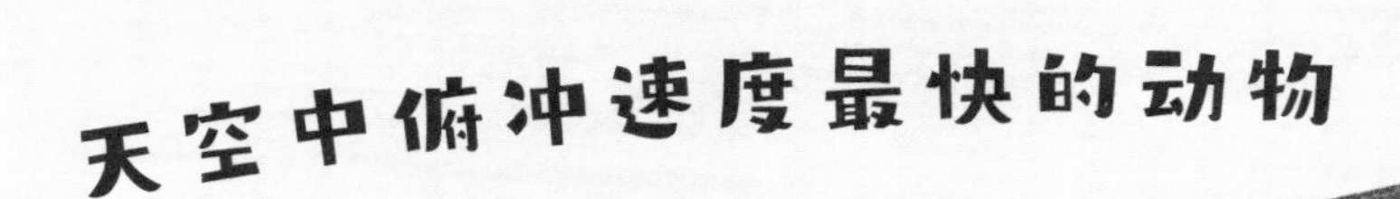

天空中俯冲速度最快的动物

389千米/时

游隼

世界各地都能发现游隼的身影。它们是技术高超的猎人，能抓住身边的一切，小到麻雀，大到鸭子。当这种猛禽发现猎物后，便会以389千米的时速俯冲下来！

每秒的移动距离约为自身长度的266倍

与自身体长相比，单位时间内移动距离最长的动物

桡足类动物

1.8 千米/时

桡足类动物是栖息在大海中的微型动物。很多动物都以它们为食，因此，为了逃命，它们必须快速移动。这种微型动物每秒的移动距离差不多是自身长度的500倍！这相当于一个成年人1秒钟从8个足球场的一头纵向跑到了另一头。

每秒的移动距离约为自身长度的500倍

跳高

哪种动物跳得最高？

2

东北虎

东北虎是世界上最大的猫科动物。它们属于独居动物，昼伏夜出。当东北虎发现猎物时，会慢慢靠近它们，迅速发起攻击，然后好好享受这顿美餐。东北虎的跳跃长度可达10米，跳跃高度可达4米！

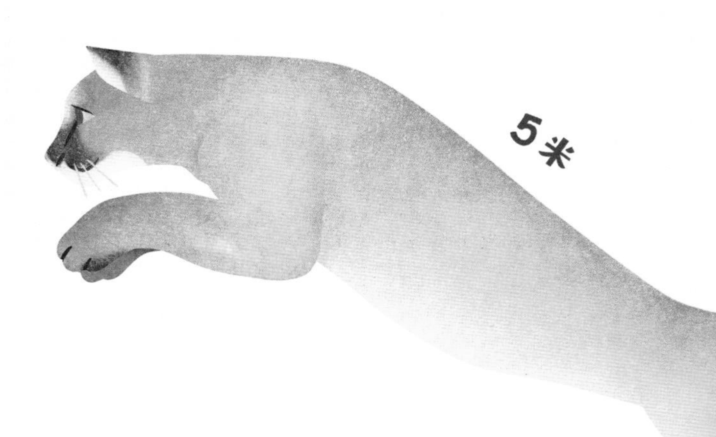

1

美洲狮

美洲狮是当之无愧的世界跳高冠军！这个掠食者行动敏捷，神出鬼没，最喜欢待在树上，可以一跃跳到距地面5米多的树枝上。

3

高角羚

高角羚生活在非洲大草原上。很多饥饿的掠食者都在捕猎高角羚，但想抓住它们绝非易事。它们身手矫健、动作灵活，跳跃长度可达10多米，跳跃高度可达3米。

微型动物界的跳高健将

对于体形微小的动物来讲，能跳出短短的几厘米就算得上很长的距离了。那么，相较于自身的体长来说，哪些动物是跳高健将呢？

2

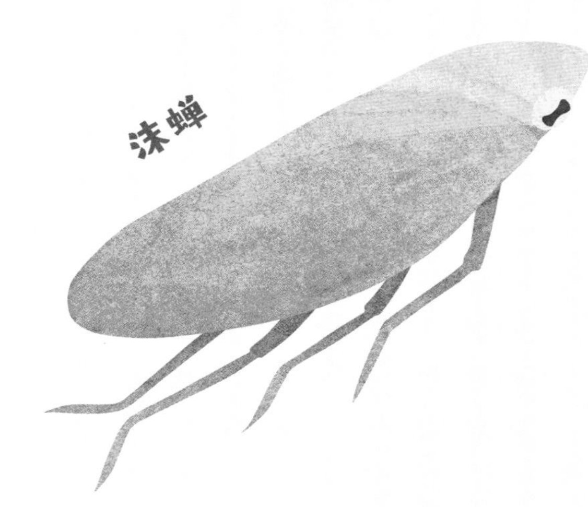

跳跃高度是自身长度的115倍

你在草地里见过像泡沫一样的东西吗？如果见过，那么你所看到的很可能是沫蝉幼虫的家。那些泡沫不仅能够保护沫蝉幼虫躲避天敌，还能防止它们因丧失水分而死。长大后的沫蝉是跳高界的高手，受到惊吓时，所跳高度是自身长度的115倍。

1

跳跃高度是自身长度的125倍

就体长而言，犬栉首蚤是跳得最高的动物了。虽然它们的体长只有几毫米，但却能跳到25厘米高。这就像一个人能跳到摩天大楼的楼顶一样！

3

跳跃高度可达自身长度的100倍

跳虫是最早的陆生动物之一。早在恐龙诞生之前，跳虫就已经存在，并以藻类和死去的植物为食。由于尾部有弹器，跳虫所跳高度可达自身长度的100倍。

毒性

释放有毒物质能帮助自己躲避捕杀或实施捕杀。以下这些动物是动物界里的致命毒师。

有毒的“自我涂抹”

野外生活的刺猬，会咀嚼有毒的蟾蜍皮肤，就好像这些东西是美味的糖果。它们会边吃边分泌大量唾液，并将唾液与食物的混合物涂抹在自己的棘刺上。这个过程被称为“自我涂抹”。科学家猜测，刺猬这样做是为了把棘刺变为毒器，对掠食者起到威慑作用。此外，这种混合物还能掩盖刺猬的气味，帮助它们躲避掠食者，防御寄生虫。

刺猬

细鳞太攀蛇

最强蛇毒

细鳞太攀蛇生活在澳大利亚的沙漠中。细鳞太攀蛇发起攻击时，通常会用锋利的毒牙连续攻击猎物。在人类已知的陆地毒蛇的蛇毒中，细鳞太攀蛇的毒液毒性最强。虽然它的毒液毒性足以致人于死地，但迄今为止，并未出现细鳞太攀蛇致人死亡的报道。这可能是因为它非常害羞，总是待在人烟稀少的地方。

致命的毒液

人们通常不会把螺当成可怕的东西，但有一种特殊的锥形螺需要小心避开。这种螺被科学家称为“地纹芋螺”，是隐藏在美丽外表下的致命杀手。这种生活在热带海域的螺不仅长着毒牙，还能喷射毒液。这种毒液含有100多种不同的有毒物质，一小滴毒液就足以致人于死地。幸运的是，地纹芋螺最喜欢攻击鱼类。但是，当人们捡起它，欣赏它漂亮的外壳时，也会受到它的攻击。

含有
100
多种毒物

最强毒素

金色箭毒蛙生活在南美洲的热带雨林中。长久以来，当地土著人会用蛙背涂抹箭头来让自己的箭矢变成致命的武器。金色箭毒蛙的皮肤上覆盖着目前所知的最危险的一种毒素。这种毒素会攻击猎物的神经和肌肉，使其心脏骤停。仅一只金色箭毒蛙体内的毒素就能杀死10个成年人。

毒素能杀死
10
个成年人

窃毒者

科学家曾经在实验室里培育金色箭毒蛙，看看其毒素是否能应用于医药领域。让他们吃惊的是，培育的金色箭毒蛙竟然变成了无毒蛙！这可能是因为金色箭毒蛙的毒素来自于它们所食的虫子，其自身并不产毒。

血液

有些动物是实实在在的“吸血鬼”，完全以其他动物的血液为生。那么，哪种动物是世界上最嗜血的动物呢？

4

蜱虫

人们很难找出关于蜱虫的任何好话。这种小吸血虫会给人类和其他动物传播可怕的疾病。尽管如此，蜱虫还是有点用的，因为它们是鸟类、老鼠、青蛙的食物。相对于自身体重来说，蜱虫的吸血量最大，能达到自身重量的200倍！庆幸的是，它们的个头非常小，即便是最贪婪的蜱虫，吸血量也达不到9毫升，还不到1汤匙。

3

欧洲医蛭

欧洲医蛭几乎没什么危害。事实上，它们是医生的得力助手！如果有人断了一根手指，熟练的外科医生会把这根断指重新接上。如果这根断指变蓝，情况就变得危险起来。此时，外科医生会找欧洲医蛭来帮忙。它们会用牙齿咬住患者的伤口，并把唾液吐在伤口上。这些唾液能使断指里的血液正常流动，帮助欧洲医蛭顺利吸出里面的淤血。欧洲医蛭的最大吸血量为自身重量的10倍。值得庆幸的是，那只是1汤匙的血量。在欧洲医蛭的帮助下，断指颜色会变得正常起来，断指也会重新接在手上。

15毫升血量
（1汤匙）

2

吸血蝙蝠

南美洲黑暗阴森的洞穴深处，潜伏着一种嗜血生物——吸血蝙蝠。每当夜幕降临，它们就会飞出洞穴寻找猎物。这些“小吸血鬼”能听到远处大型动物的呼噜声，然后悄悄地靠近熟睡的猎物。吸血蝙蝠的鼻子能感知出细微的温度差异，找出流淌着温热血液的血管。接着，它会用锋利的牙齿在那里割开一道小口子舔舐血液。通常情况下，人被吸血蝙蝠咬后不会立即死亡，但吸血蝙蝠会传播一种可怕的疾病——狂犬病。不过，从好的方面来说，吸血蝙蝠的唾液能防止血液凝结，有助于我们找到缓解血管堵塞的新药。

30毫升血量

（2汤匙）

1

七鳃鳗

早在恐龙出现之前，七鳃鳗就已经存在于地球上了。这种古老的怪鱼有着圆形的吸盘状嘴巴，里面长着一排排钩状牙齿。很多七鳃鳗会用这些牙齿咬住其他海洋生物，吸走它们的血液。虽然七鳃鳗经常会杀死那些可怜的猎物，但也能挽救生命。与吸血蝙蝠及欧洲医蛭的唾液一样，七鳃鳗的唾液具有医学价值。不仅如此，它还擅长自我修复，即使脊椎断了也能再生出完整的一根。如果科学家掌握了这一再生秘诀，人类或许就能更好地实现自我修复。

250毫升血量

（一大杯）

汗液

出汗有什么意义？哪些动物的出汗量大？

防晒“汗液”

有时河马会在陆地上行动，此时它们的皮肤里会渗出一种红色液体。过去，人们认为这是河马流的血，其实，这是河马独有的“防晒霜”！这种红色的液体兼具保湿、抗菌、防晒的功能。

防滑汗液

狗爪的肉垫上有很多汗腺。汗腺分泌的汗液会给细菌提供养料，这些细菌不会产生臭味，而会产生一种类似干酪玉米片的气味。狗爪出汗后，爪子的抓地力会增加，狗在奔跑时就不会滑倒。狗爪上的这点汗液能让狗的体温降低一些。当狗特别热时，它们必须伸长舌头，通过急促的喘气来降低体温。

白鹳
最奇特的冷却液
白鹳不会出汗，因此它们找到了另一种聪明的降温方式。当白鹳的体温过高时，它们会将便便拉在自己的小腿上，湿漉漉的便便会沿着腿部往下流，以此给身体降温。这多少和我们人类出汗的原理有些相似。当温度过高时，我们的机体也会排出湿湿的、凉爽的物质——谢天谢地，这种物质不是从屁股里排出来的！
最名不符实的汗液
你听过有谁说自己出汗的时候像头猪吗？这种说法其实很奇怪，因为猪几乎就不出汗。它们之所以在泥地里打滚，不是因为它们喜欢肮脏，而是因为太热了。猪就是因为几乎不出汗，才在泥地里打滚为自己降温。
猪
几乎不出汗
最能出汗的世界纪录保持者是谁？

有关出汗的世界纪录

马

马是为数不多的通过大量排汗来降温的动物。它们的汗液和我们人类的汗液差别很大。马的汗液中含有一种类似肥皂的物质。当你为马擦汗时，汗液会产生泡沫。马的汗液能在马的皮毛上充分扩散，降低马的体温。这样，马就能跑很久。

2
赤猴

赤猴生活在非洲大草原上，它们以植物和昆虫为食。在这片开阔的土地上，赤猴必须时刻提防狮子和其他掠食者。因此，它们极其擅长两件事：奔跑和排汗。在炎炎烈日下，即便是饥饿的狮子，也无法长时间捕猎。当狮子体温太高时，它们会张大嘴巴，大口喘气，奔跑速度也会放慢很多。狮子产生的汗液不足以降温，而赤猴却能在汗流浃背的情况下继续奔跑。只有一种动物的出汗量高于赤狐……

1
人类

恭喜！最善于出汗的世界纪录保持者是我们人类！人类是最善于出汗的动物！

人类的排汗量可达几升。由于人类全身上下几乎无毛，排出的汗水更容易干掉。与赤猴相比，人类体温的下降速度也更快。科学家们认为，善于出汗是生活在非洲大草原的人类祖先的一大优势——他们可以在炎热的天气下追捕其他动物，直到这些动物精疲力尽。

尿液

动物的排尿方式多种多样。哪种动物的尿液最稠？哪种动物的尿味最好闻？

排尿方式最激烈

海螯虾在调情和生气的时候会直接从脸上排出尿来。所以，海螯虾呲尿的行为代表着“想打架”或“嘿，美女”，具体是什么意思取决于尿的气味。雄性海螯虾打架时会把尿喷到对方脸上，谁排尿排得最激烈谁就是赢家。而雌性海螯虾则会在一旁密切关注战事，最后挑选排尿排得最激烈的雄性海螯虾作为自己的伴侣。而雌性海螯虾是如何取悦自己新男友的呢？它会从脸上喷出充满爱意的尿液。对雄性海螯虾来讲，那味道简直难以抗拒。

中华鳖

排尿习惯最奇怪

中华鳖有个非常奇怪的习惯：有时它们会把头伸进水里，通过嘴巴排尿。有些中华鳖会生活在盐分略高的水中，如果它们饮用这些水，体内摄入的盐分就太多了。因此，对它们而言，保持体内水分和降低盐分才是重中之重。中华鳖在水里以嘴巴排尿的方式，能在不损耗体内过多水分的前提下排出体内废物。

便便和尿液同时排出

鸟类能同时排出所有的东西！我们所说的鸟粪其实是鸟的尿液以及便便的混合物。右图白色的物质是鸟的尿液，而深色的斑点则是鸟的便便。

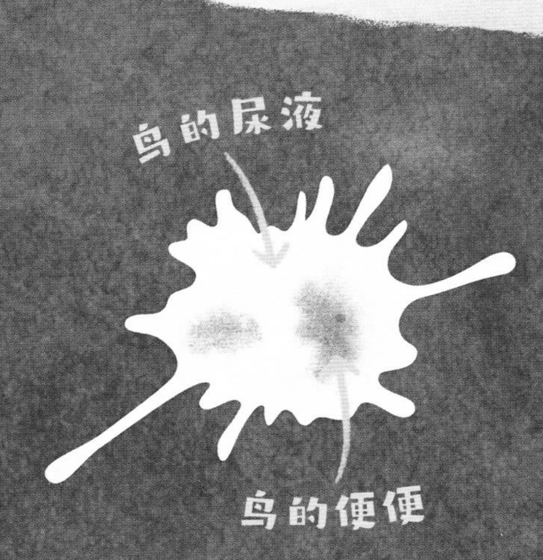

熊狸

尿味最好闻

熊狸是一种毛茸茸的黑色动物，看起来就像是熊和猫的杂交品种。熊狸几乎什么都吃——水果、鸟类、昆虫，碰到什么就吃什么。熊狸的尿液闻起来就好像它仅以一种食物为生：爆米花。科学家们认为，爆米花的气味是由熊狸体内的细菌产生的。正是这些细菌，熊狸的尿液才会发出那种甜甜的爆米花气味。熊狸用它那爆米花味的尿液标记自己的领地，在彼此之间传递信息。

气体尿

潮虫就没有液态的尿！我们人类能用一滴滴的尿液排出体内废物，而潮虫则会通过气体来排出体内废物！这就好比通过放屁来排尿。

潮虫

更格卢鼠

尿液最稠

生活在沙漠里的很多动物，它们的尿液一般都非常黏稠，就好像糖浆一样。这是因为要想在干燥环境中生存下来，它们的身体必须尽可能多地吸收水分，尽可能少地释放水分。所以它们的排尿量不能太多！更格卢鼠是该领域的冠军。它们仅仅依靠自己所食用的种子中的那点水分就能存活下来。另外，它们在极少数情况下才会排尿，排出的那几滴尿液也几乎算不上液体。

哪种动物的尿最多？

世界上最大的厕所

海洋里的鱼和鲸，不停地在海里游来游去，随意大小便。因此，海洋成了世界上最大的厕所。

世界级的排尿冠军

鲸是排尿方面的世界冠军。想在野外环境下收集鲸的尿液并非易事，因此科学家只能以其他动物为基础来推算鲸的排尿量。长须鲸每天的排尿量高达1000升，足以装满3个大浴缸！体形更大的蓝鲸，其排尿量可能更高——虽然没人知道它们的具体排尿量。

长须鲸

1000 升的尿液

尿肥

科学家们发现，在人类过度捕捞的地方，珊瑚礁的生存环境都不好。如果在珊瑚上排尿的鱼不够多，珊瑚就无法生存，因为这些鱼类的尿液全是珊瑚礁生长所需的营养物质。如果换作我们人类在海里撒尿，情况又会如何呢？很遗憾，人类的尿液不会给珊瑚礁的生长带来任何好处。事实证明，鱼尿中所含的混合物最有利于珊瑚礁的生长。

具有生态意义的便便

鲸的便便发挥了非常重要的作用，是海洋中微小藻类的肥料。这些藻类非常重要，它们能捕获空气中的二氧化碳，制造人类呼吸所需的氧气。虽然很多藻类会被海洋动物吃掉，但其中一些藻类会沉到海底并一直待在那里。这意味着，二氧化碳被藻类固定在了海底而非释放在空气中。这对气候的稳定大有裨益。

蓝鲸

世界上排便量最多的动物是谁？

没人确切清楚排便量最大的动物是谁，但我们有充分的理由相信，蓝鲸应该当之无愧。曾经有一位科学家在飞越美国加利福尼亚州海域时见到了一群蓝鲸，并成功抓拍下一张可能是世界上最大便便的照片。鲸的便便会在海洋中扩散开来，很难算出它究竟有多少。不过，照片上显示的橙色便便扩散开来的面积几乎和鲸的体形一样大。

更多排便纪录 →

便便

有些动物从来不排便，而有些动物的排便量又太多，从外太空都能看到！以下是形形色色的排便纪录。

最大的便便区

阿德利企鹅的便便特别有趣：它们吃了很多甲壳类动物（如磷虾），因此，它们的便便是粉红色。为了让自己不沾上这些便便，它们会以极快的速度喷射出来。当南极的阿德利企鹅群喷出粉色便便时，雪地会因此变成粉色，非常壮观，连从外太空拍摄的照片上都能看到。这些照片对科学家来说非常有用，他们能以此来确定阿德利企鹅的定居地。

形状最怪异的便便

袋熊眼睛周围的皮肤会逐渐变厚，导致它们无法看见东西。为了弥补这一缺陷，它们进化出了灵敏的嗅觉。如果它们想给同伴传递信息，就必须通过能发出气味的东西来达到这一目的。如此看来，还有比便便更合适的吗？既然要向同伴传递信息，这条信息就不能四处滚动，所以便便最好为方形。在进化的作用下，袋熊的肠道能够挤出完美的方形体。每天晚上，这种毛茸茸的生物都会留下80到100条臭烘烘的信息。

最重要的“便餐”

兔子会吃自己的便便！听起来也许很恶心，却是必需的。兔子会排出两种不同的便便，它只吃其中一种。兔子所吃的“便餐”来自于其腹部的盲肠，里面含有大量的微生物，这些微生物会消化兔子食用的草。其实兔子并未从草中摄取到任何营养，摄取营养的是微生物！微生物和它们所摄取的营养最终会变成可口的便便，一经排泄，就被兔子吃掉。最终，这些便便以干粪球的形式被排泄出来，而此时兔子已经忙着吃更多的草了。

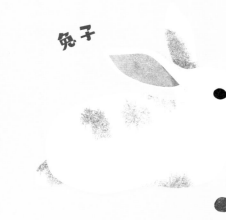

最危险的排便习惯

为了节约能量，树懒的新陈代谢十分缓慢，
排便频率也是1周1次。当树懒不得不排便时，排便就成了一项
危险的任务。因为树懒通常生活在树上，当它们的肚子里堆满便便时，
它们就会爬到地面上，而树下又有很多危险的动物。树懒的便便很多，
排便后树懒的体重会减少一两千克！

树懒

最糟糕的排便习惯

有少部分动物从不排便。微小的蠕形螨便
是其中之一。几乎每个人的脸上都有这种生物！终其一
生，它都会将便便储存在体内。知道没东西在你脸上排便也许
是件好事，但这终究不是一件令人舒适的事。当蠕形螨死亡的时
候，所有的便便都会被释放出来。幸运的是，这种动物和它的便便
都非常微小，我们几乎不必担心。

蠕形螨

河马

最厉害的“甩”便者

当河马排便的时候，它的尾巴
会像螺旋桨一样一圈圈地旋转，拍
打着便便飞向四面八方，即使你站在离河
马10米远的地方，它的便便也会一坨坨地飞起来打
到你脸上。河马的这种排便方式，旨在传达一个清晰
的信号：这是我的地盘，别靠近！

爱

动物会为爱做很多奇特的浪漫之事，下面是世界上为了爱情而做出浪漫之事的动物们。

白胁六线风鸟

最美的爱之舞

极乐鸟住在新几内亚岛上，擅长各种疯狂的搭讪技巧。它们有的会用长长的尾羽在彼此的脸上挠痒，有的则专注于清理自己彩虹色的羽毛和天蓝色的爪子。这里的求偶竞争异常激烈，雌性极乐鸟通常只接受最能打动它的雄性极乐鸟。很多极乐鸟都会借助跳舞来求偶，但往往只有一位舞者能脱颖而出。

白胁六线风鸟是极乐鸟中的一种。雄性白胁六线风鸟必须要跳一段很长的舞步才有机会和雌鸟交配。首先，它必须要清理出一个舞台，然后将一根低矮的树枝当作看台，让雌鸟坐在上面。跳完五个固定的舞步后，雄鸟便开始大显身手，此时它会展开双翼，如同穿上芭蕾舞裙在舞台上翩翩起舞，俨然一名真正的芭蕾舞演员！它必须全神贯注地跳舞，一个舞步没踩对，雌鸟就会飞走。

最奇怪的搭讪方式

冠海豹是一种生活在大西洋北部的大型海豹。雄性冠海豹几乎是雌性的两倍大，头上有一个两瓣的“兜帽”，当它想与雌性搭讪时就让“兜帽”膨胀起来。冠海豹还有另一种更奇特的搭讪技巧：当它想去打动自己心仪的对象时，它会给鼻囊充气，此时鼻囊就像一个从鼻孔里钻出来的大大的红色心形气球。

最忠贞的鸟

许多鸟类每年都会换伴侣，但信天翁却能做到相伴终身。每年，经过数月的海上旅行，这些大海鸟总能回到自己伴侣的身边。它们经常在一起耳鬓厮磨，就像一对刚刚坠入爱河的情侣。它们还会共同抚育刚孵化出的幼鸟。虽然信天翁总会回到伴侣身边，但这并不妨碍它们“拈花惹草”。有不少信天翁“夫妇”是由两只雌性信天翁组成的，它们必须找到雄性信天翁来完成受精，但最终还是会回到彼此的身边。

信天翁

盗蛛

最浪漫（最虚伪）的礼物

雄盗蛛约会时总会带着礼物。当雄盗蛛遇见雌盗蛛喜欢的食物时，就会用白蜘蛛丝把它们包裹起来。当雌性忙着拆包裹时，雄性就会伺机与之交配。问题是，这样一份包装精美的礼物，只有打开层层包装后，才能知道里面的东西是否符合心意。有些狡猾的雄盗蛛已经学会利用这一点了。它们会把没用的树枝包裹在精美的蛛丝中，并在雌盗蛛发现之前与之交配。不过雄盗蛛这么做也会让自己身处险境：一旦雌盗蛛发现包裹里没有美味的食物，常常就会转身吃掉狡猾的雄盗蛛。

最复杂的调情

海马很重视调情。当一对海马确认了伴侣关系后，就会在每天太阳升起之时一起跳舞。它们会让自己的身体发光，会挽着彼此的尾巴，轻轻地绕着对方摇摆。几天之后，它们会进入调情的下一个阶段。首先，它们会前后摇摆一个小时；然后，雄海马会鼓起腹部炫耀自己，而雌海马则会伸展身体，鼻子向上游到水面；最后，雌海马会把卵产到雄海马腹部的育儿袋里，因为抚育海马宝宝的正是雄海马！10到25天后，数百只小海马会从海马爸爸的肚子里钻出来。从此以后，海马宝宝就得自食其力了。

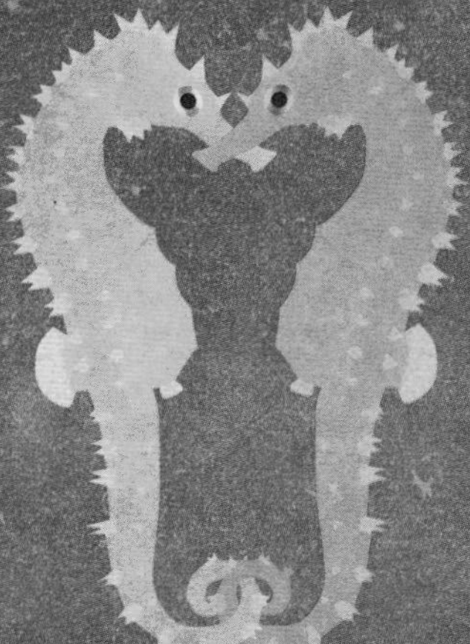

海马

噪声

哪种动物的叫声最大？

最吵的鸟儿

白钟伞鸟是世界上最吵的鸟儿。它叫声洪亮，听起来像是警报，但其实这是雄鸟的求偶声。不过，仅凭叫声是无法吸引到雌鸟的。真正打动雌鸟的，是雄鸟嘴边那条华丽的肉垂。这条肉垂就像冰柱一样从白钟伞鸟的嘴上垂了下来。

白钟伞鸟
125 分贝

1 分贝
人类能听到的最小声音

50 分贝

100 分贝

窃窃私语：
30分贝

正常交谈：
60分贝

割草机的噪声：
90分贝

摇滚音乐会：
120分贝

最吵的动物

3 吼猴 140 分贝

吼猴的叫声远在5千米外都能听到，听起来就像是一群怪物正朝你冲过来。如果有一只吼猴在你的身边，它发出的吼声甚至会损害你的听力。

空气中最大可能噪声：
194分贝

150 分贝　　200 分贝　　250 分贝

水中最大可能噪声：
270分贝

2 鼓虾 200 分贝

鼓虾制造噪声的方式非常特别：打响指。当它“咔”的一声合上大螯时，就会产生巨大的噪声，比枪声还响。如果你恰巧游经此地，那个咔咔声听起来就像是篝火燃烧时发出的噼啪声。但对附近的小鱼来讲，这种噪声足以让它们丧命，成为鼓虾的盘中餐。鼓虾真是打个响指就能美餐一顿呀！

1 抹香鲸 230 分贝

抹香鲸用强大的声波来实现彼此间的交谈。抹香鲸属于群居动物，会组建起关系亲密的小团体，成员之间的友谊会持续很多年。抹香鲸的声波在水下传播较慢。但是，即使相距几千米远，抹香鲸之间也能相互交流。

放屁

屁能喷人，还能说话。世界上的动物有哪些放屁纪录？哪种动物因为放屁而臭名昭著？

哪些动物会放屁？

放屁是种很常见的事情。昆虫、鱼、家畜都会放屁。有些动物的屁闻起来像臭气弹，有些动物的屁却一点味道都没有。当然，也有一些动物从来不放屁，比如鸟类和树懒。鸟类消化食物的速度非常快，根本没时间聚集胃里的空气。树懒也不会放屁，它们只会呼出无味的甲烷气体。不仅如此，树懒本身也不会发出汗臭味，因为它们根本不出汗。

从不放屁！

屁语

大西洋鲱

瑞典军方曾听到一些来自海洋的怪声。起初，他们认为是潜艇发出的声音。科学家进一步调查后发现，那是大西洋鲱的放屁声。军方此前监听到的所谓声音其实是大西洋鲱交谈时的放屁声。到了晚上，大西洋鲱放的屁会更多，这样它们就能在黑暗中发现彼此了。

最可怕的屁

招惹珊瑚蛇绝非明智之举。有一种珊瑚蛇叫索诺兰珊瑚蛇，如果它们觉得自己受到了威胁，便会把空气吸进屁股里，然后"砰"的一声放出来。科学家们并不清楚它们这样做的目的是什么，但科学家们认为，这种"噪声屁"可能会吓退索诺兰珊瑚蛇的敌人。不管它们放屁的目的是什么，人类最明智的做法就是把它们的屁当作一种警告。因为这种蛇毒性极强，遇到它们你应该迅速逃离，免得咬到你。

索诺兰珊瑚蛇

“屁名昭著”的动物

很多人认为，牛放屁很厉害，但事实并非如此。它们其实是打嗝很厉害！一头牛一天打嗝能打出800升气体，足以填满50个普通气球，虽然任何一场放屁比赛牛都不可能获胜，但任何一场打嗝比赛牛都能独占鳌头。不过，牛打嗝产生的气体会对气候不利。因此，很多人都想知道，能否让牛少打嗝。

最大的混合屁

白蚁是一种喜食树干的小昆虫。它们最讨人厌的地方就是以木屋为食。但在自然界中，白蚁却是位超级英雄：它们会清除死去的植物，为新植物的生长腾出空间。以树木为食的后果就是放屁。地球上有很多白蚁，它们放出的屁总量非常大。白蚁的屁和牛打嗝产生的气体一样，会对气候产生不利的影响。值得庆幸的是，白蚁的屁只有一半会进入空气中，这是因为白蚁生活的土壤里有很多细菌，白蚁一放屁，这些细菌就会把屁消耗掉。这还真是一段因放屁而产生的共生关系呢！

能尝出各种草类的味觉

牛有2万多个味蕾，是人类的2倍多。但是，为什么它们吃的几乎只有草却还需要这么发达的味觉呢？其实，食草动物往往比食肉动物的味觉更发达。这也许是因为它们需要马上分辨出植物是否有毒，而有毒植物往往带有苦味。

牛

20 000
多个味蕾

章鱼

超级吸盘

章鱼没有人类那样的味蕾，但这并不意味着它们没有味觉。章鱼的腕足上布满了吸盘，上面有几千个毛茸茸的感觉细胞。这些感觉细胞就像我们的味蕾一样。章鱼每只腕足上的味觉细胞比我们舌头上的味觉细胞还要多。研究人员曾经做过实验，让章鱼品尝了带有甜味、酸味、苦味的物质。实验表明，它们的腕足比人类的舌头至少敏感100倍。所以，章鱼的味觉细胞不是最多的，但章鱼却拥有最发达的味觉。

味蕾最多的动物

鲇鱼全身上下的味蕾超过10万个。它简直就是一条会游泳的舌头！鲇鱼的味觉非常灵敏，能帮鲇鱼找到藏在沙子下的小虫子。如果你生活在浑浊的水里，几乎看不清任何东西，依靠味觉来觅食就是个不错的策略。

鲇鱼

100 000
多个味蕾

犹如一条会游泳的舌头

夜视

如果你夜里不睡觉的话，拥有夜视能力无疑会让自己得心应手。那么，哪种动物的夜视能力最强呢？

猫

猫一晚上都在捕捉老鼠和其他动物，因此它们需要很好的夜视能力。你见过猫的眼睛在黑暗处闪闪发光吗？这是因为它们的眼睛里有一种反光板，夜间即便有微弱的光线进去，猫眼都会吸收光线并反射出去。

4

一种夜行性隧蜂

蜜蜂的夜视能力一般都很差，但也有例外。在亚洲生活着一种夜行性隧蜂。它们的夜视能力比猫和眼镜猴都强，即使乌云遮住了星光，它们也能找到鲜花和蜂巢。这种能力给它们带来了一定的优势，因为在这种隧蜂生活的地方，有些花只在夜间开放；更重要的是，它们能借此避开在白天捕食的掠食者。

2

眼镜猴

眼镜猴的眼睛里没有反光板，但它们有一种在黑夜中看东西的方法。眼镜猴的眼睛非常大，能捕捉大量光线。虽然眼镜猴总是一副担惊受怕的样子，但其实它们是一群狡猾的掠食者。每当夜幕降临时，它们会以极快的速度在树丛间跳跃，吞食蜥蜴和昆虫。眼镜猴的大眼睛也有个缺点：不能转动。因此，如果眼镜猴想看看身后隐藏着什么东西，它们需要转动整个头部，转动的角度能达到180°。

蟑螂

蟑螂是世界上夜视能力最佳的动物！它们的眼睛能捕捉到最微弱的光线，在工作原理上与我们的眼睛截然不同。蟑螂的常用方法之一就是将眼睛的不同部位所捕捉的光信号结合起来。只要有光，哪怕是一点点，它都能看见。所以，蟑螂是当之无愧的夜视冠军。

超能力

有些动物具有非凡的超能力，哪些动物的超能力很酷呢？

鲨鱼

能感知电流

鲨鱼有个疯狂的超能力：它们能感知电流！但鲨鱼不会利用这种超能力寻找烤箱和冰箱，而是用来捕鱼，因为所有的动物都带些电。不仅如此，鲨鱼还能在海中找到另一种带电物质：电缆。事实上，互联网不是悬浮在空中的，联通各国的网络靠的是铺设在海底的电缆。这些电缆会发出阵阵电流，而鲨鱼几乎无法抗拒这些电流的诱惑。最糟糕的情况是，它们会忍不住咬上一口，将电缆咬成几段，导致很多国家的网络出现问题。

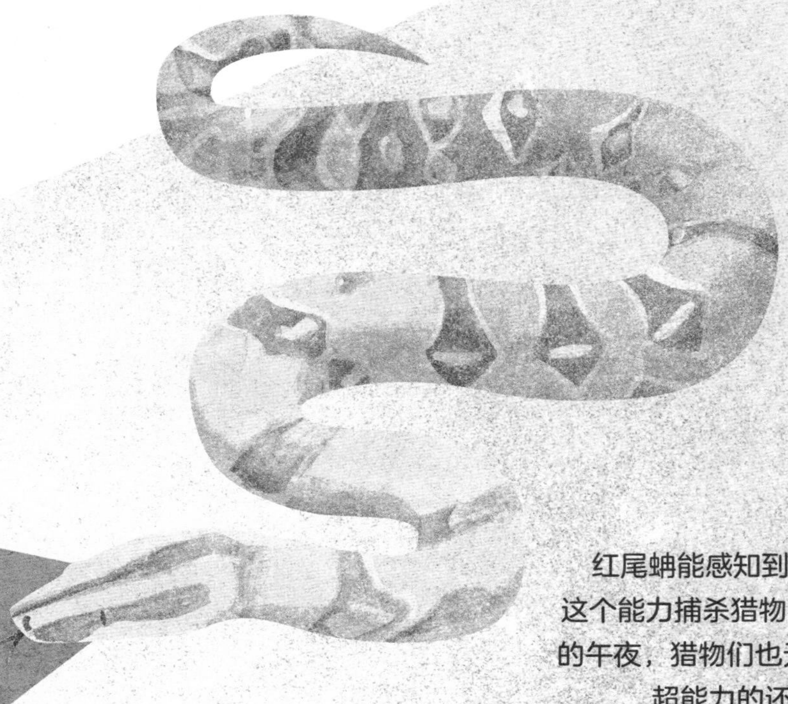

热感应

红尾蚺能感知到动物的温度，凭借这个能力捕杀猎物。因此，即便是漆黑的午夜，猎物们也无处藏身！拥有这种超能力的还有响尾蛇。

红尾蚺

天气预报员

泥鳅长着棕色的胡须，生活在小池塘里。它们的抗旱能力非常强。干旱来临之际，它们会把自己埋进泥里，进入休眠状态，直到雨水再次降临。泥鳅还有一种非常特别的能力：预知天气。由于它们能够感知空气的变化，每逢降雨前它们都会躁动不安，故而欧洲人又将泥鳅称为“气象鱼”。

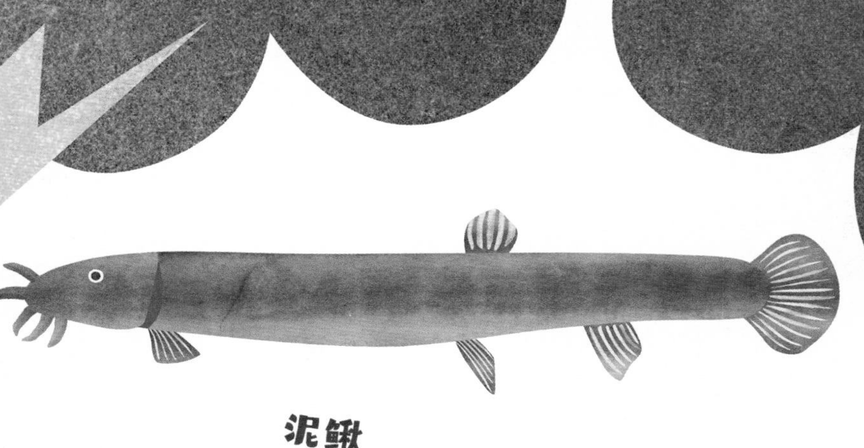

泥鳅

内置指南针

早在飞机和互联网出现之前，人们就用信鸽来彼此通信。这是因为信鸽非常善于找到回家的路，即使它们离家几百千米远，也能飞回家。科学家认为，信鸽能利用气味、声音、阳光进行导航。它们还有一种额外的超能力：辨别东南西北。这种能力犹如身体内置了一个指南针，指引它们该往何处飞。

信鸽

蝙蝠

回声定位

如果你想在一片漆黑的环境下抓住一只飞来飞去的小昆虫，你会怎么做？蝙蝠有一种名为“回声定位”的超能力。它们会发出一种我们人类无法听到的声波，然后再倾听回声。通过回声的来源和返回的时间，蝙蝠就能判断出昆虫的确切位置。具备同样能力的还有鲸。人类也学会了回声定位——有些盲人可以通过嘴里发出声音并且倾听回声来判断自己与某个物体之间的距离。

旅行

单次飞行距离最远的动物是谁？单次游泳距离最长的动物是谁？以下是动物界中的旅程之最。

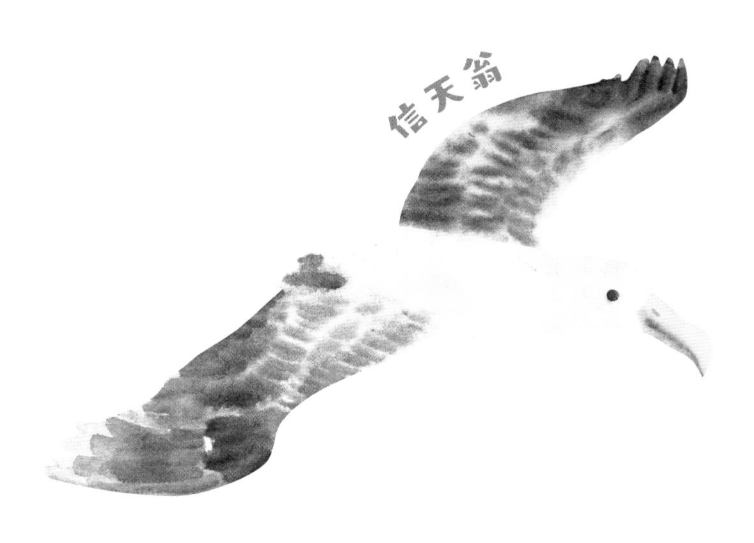

46天环游世界

信天翁是名副其实的竞速之鸟，能在46天内环游世界。当它们在空中滑翔时，就像一艘会飞的帆船。信天翁几乎不用拍打翅膀，但时速仍能达到127千米，比高速路上的汽车都快！

单次最远的飞行旅程

夏季，斑尾塍鹬会生活在北半球；冬季，它们会飞到澳大利亚和新西兰。斑尾塍鹬在飞行途中会穿越世界最大洋——太平洋。它们要夜以继日地飞行整整9天才能到达目的地。

单次最长的泳程

座头鲸

3

座头鲸的身影遍布世界各大洋。为了寻找最佳的捕食点，座头鲸可以游上9800千米。夏秋两季，身处地球北边的座头鲸会享受着吃不完的新鲜鲱鱼和其他美味，但当冬季降临后，它们就会前往更温暖的地方。座头鲸会在加勒比海的温暖水域里嬉戏恋爱，组建家庭，然后重返北部海域享受另一场盛宴。

年度最长旅程

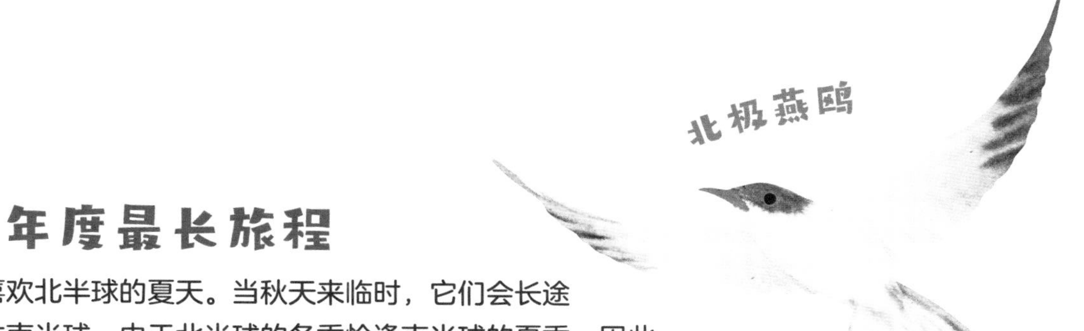

北极燕鸥喜欢北半球的夏天。当秋天来临时，它们会长途跋涉，飞往南半球。由于北半球的冬季恰逢南半球的夏季，因此，比起其他动物，北极燕鸥能得到更多的日照。为了找到最佳的飞行路线，它们会沿着一条弯曲的线路飞行，并在途中休息几次。到了年底，最活跃的北极燕鸥能飞96000千米，这相当于环绕地球2圈多。

噬人鲨会长途跋涉寻找食物。科学家曾持续观察过一条噬人鲨从南非一路游到澳大利亚，发现它只用了3个月就完成了这段11100千米的旅程。

海龟的旅程令人难以置信。科学家曾在一只印度尼西亚棱皮龟身上安装了一个信号发射器，追踪它的行迹，直至追踪到美国的俄勒冈州！这只棱皮龟花了近2年的时间穿越浩瀚的太平洋，游行距离长达20500千米。

哪种昆虫飞得最远？

昆虫最远可飞数千千米，但它们的旅程与鸟类不同。由于昆虫的寿命有限，它们的整个旅程仅凭一代昆虫很难完成，所以每到一个站点，昆虫就会产卵，然后由它们的孩子继续这段旅程。

3

君主斑蝶

君主斑蝶的迁徙之旅充满了传奇色彩。每年秋季，北美洲有 1 亿多只蝴蝶飞到阳光明媚的加利福尼亚州和墨西哥。春天一到，它们就会飞回去。整个旅程长达 9500 千米，最终飞回去的君主斑蝶是开启这段旅程的君主斑蝶的曾曾孙辈了。

9500 千米

介壳虫

有些昆虫的移动距离不足1英寸[1]，例如介壳虫。当它们还是幼虫时，就会去找适合自己居住的地方，并在那里度过余生。介壳虫唯一担心的问题就是能不能吸到美味的植物汁液。既然家里有足够的食物，干吗还要去出门觅食呢？

[1] 1英寸≈2.54厘米

0 千米

全球赤蛱蝶

全球赤蛱蝶几乎分布在世界各地。冬天来临时，挪威的全球赤蛱蝶会飞到非洲避寒。它们会在这段漫长的旅途中多次停下来交配产卵。由于全球赤蛱蝶的寿命大多不超过 1 个月，所以它们向南迁徙的旅程是由它们的子孙后代完成的。春天来临时，它们的子孙后代会返回欧洲，来回旅程长达 15000 千米。

黄蜻

科学家发现，全球各地都遍布着黄蜻，它们会飞遍全球来寻找新的交配产卵地。科学家认为，有些黄蜻会从印度一直飞到非洲，然后再飞回印度，整个旅程长达18000千米。

顽强的生物

地球上有些地方的生存环境非常恶劣。那么，谁的生存环境最恶劣呢？

庞贝蠕虫

哪种动物最耐热？

海洋深处往往是刺骨般的寒冷，
但也有灼热的地方。比如，在地核岩浆的作用下，
海床上的裂缝处往往会形成海底温泉，很多奇特的生物就生
活在这片灼热的海水附近，庞贝蠕虫便是其中之一，它会把自己
的尾巴浸泡在80℃的水中！科学家认为，庞贝蠕虫身上覆盖着一
层由细菌构成的保护罩，能保护它们免遭热水的伤害。
虽然能在60℃以上的环境中生存的动物没几个，
但庞贝蠕虫只能屈居第二。

还有一种动物比庞贝蠕虫更耐热……

哪种动物的抗压能力最强？

太平洋里的马里亚纳海沟是地球上已知的最深的地方，最深处有11034米，多年来人们一直以为这么深的地方是没有生命的。因为这里的海水冰冷刺骨，阳光无法照到这里，就连藻类也无法生长。如果人类在没有任何保护的情况下进入这里，身体都会被水压压碎，而大多数动物是无法承受太大水压的。然而，科学家却发现，海底充满了生机。每当我们人类探索海底时，总会发现很多新动物。

海洋最深处的鱼

科学家曾对世界上最深的海沟进行过探险。他们在水下8178米处发现了一种新型鱼类。人类还没有发现哪一种鱼类的栖息地比这里更深。这种鱼属于狮子鱼科，被称为“马里亚纳狮子鱼”。

马里亚纳狮子鱼

最深的栖息地

海参用嘴边的毛来收集海底的食物残渣。它们堪称海洋的吸尘器！海参分布于海洋的每个角落，包括那些大海沟。科学家在水下10000多米的地方发现过海参。那里的水压特别大，如同1800头大象踩在你的背上一样！

海参

不过，还有一种动物比海参更抗压……

世界上最顽强的动物 →

哪种动物活动区域最高？

11 000 米

黑白兀鹫生活在非洲，它们翱翔于高山和草原之上，寻找那些死去的动物。它们以腐肉为生，会在腐肉传播疾病前就将它们清理掉。黑白兀鹫的飞行能力很强，飞行高度可达11000米。这个高度比世界上最高的山峰还要高！在这个高度下，氧气非常稀薄，人类会失去知觉。

黑白兀鹫

还有一种动物的活动区域更高……

哪种动物能应对最强的辐射？

如果爆发核战争，哪种动物能够幸存下来呢？很多人认为是蟑螂。不过，蟑螂能承受的辐射量虽然是人类的5倍以上，但是很多昆虫的抗辐射能力比蟑螂还强。有一种叫麦蛾柔茧蜂的茧蜂，它们的抗辐射能力是我们人类的100倍！即便如此，麦蛾柔茧蜂也无法在这场抗辐射比赛中夺冠。

麦蛾柔茧蜂

还有一种动物比麦蛾柔茧蜂更能抗辐射……

哪种动物最抗寒？

加拿大的冬天非常冷，生活在这里的北美林蛙无法维持体温。于是，它们找到了另一种生存方式。当温度开始缓慢下降时，它们会进入冬眠状态，此时北美林蛙体内至少有一半的水分会结冰，它们的血液会凝固，心脏也会停止跳动。在长达半年多的时间里，它们就像死了一样。冬天结束后，北美林蛙冻僵的身体会慢慢恢复。然后，在一个温暖的春日，它们又活蹦乱跳起来，像往常一样充满活力。

北美林蛙

不过，还有一种动物比林蛙更抗寒……

哪种动物的生命力最顽强？

水熊虫的体形很小，但它们的身影几乎遍布全球。它们生活在海底、温泉、高山上。它们的抗寒、耐热、抗压能力均强过海底生物，它们还能在干旱的环境下生活几十年。一只水熊虫哪怕中了辐射弹，或者被送到外太空，它们也能很好地活下来。换句话说，水熊虫在所有项目中都是第一名，是世界上生命力最顽强的动物。

动物界最能抵抗高温、严寒、高压、高度、辐射的冠军

水熊虫

为什么水熊虫能在任何环境下生存？

水熊虫能够进入一种极端的休眠状态。它们会蜷缩头和腿，变成一个坚硬的小圆桶。在此之后，水熊虫体内的代谢都变得非常缓慢，大部分水分都消失了。当外部环境变得更好时，它们的身体机能会迅速恢复，重新焕发生机。

月球上的生命

2019年，一艘遥控宇宙飞船在月球坠毁，上面携带了数千只水熊虫。没人知道它们是否能活下来，但幸存下来也并非不可能。也许这些坚强的小生物正蜷缩成桶状躺在那里休眠，静候他人的救助呢。它们只要几滴水就能存活下来。

伪装

这里究竟藏了
哪些动物？

伪装

叶䗛

叶䗛的背部、翅膀和六条腿让它们看起来就像一片绿叶，所以它们的名字非常贴切。当它们移动时，身体会前后摆动，就像随风飘动的叶片。对叶䗛来讲，伪装至关重要，因为它们既不擅长进攻也不擅长防御。不过，只要鸟类看不见它们，它们就不会被吃掉。

兰花螳螂

兰花螳螂看起来就像一朵无害的花，但实际上它们是狡猾的猎手。这种粉红色的小昆虫只需坐在兰花上，静待那些满怀期待的蜜蜂。可怜的小蜜蜂还以为自己能采到甘甜的花蜜呢，但实际上它们坠入了死亡的陷阱。兰花螳螂会迅速抓住蜜蜂，一口把它吞下，然后静候下一个猎物的到来。

章鱼

章鱼会变色，能随意在各种色彩之间随意转换。它们的皮肤还能瞬间从光滑变得像岩石一样粗糙，与海底环境融为一体。这个技能除了伪装还有其他用途。比如，蓝环章鱼受到威胁时就会发出彩色信号。此时最好的办法就是逃跑，因为蓝环章鱼是大海里毒性最强的动物之一！

哪种动物伪装得最好？自己选一下吧！

变色龙

虽然变色龙以善于伪装闻名，但其实它们更喜欢炫耀。当竞争对手靠近时，雄性变色龙就开启了炫耀模式，一场精彩的变色比赛由此拉开序幕：变色龙开始在绿色的树叶间变换颜色——橙色、蓝绿色、鲜黄色交替变换。比赛会一直持续下去，直到其中一方认输，将自己变回浅绿色。

叶尾守宫

叶尾守宫生活在马达加斯加的森林里。每晚它们都会在树上捕捉昆虫。太阳升起时，它们会精疲力尽，然后睡上一小会儿。幸运的是，哪怕是在大白天，它们也很难被发现。这种小生物会把它粗糙的棕色身体贴在树干上，与周遭的环境融为一体。这样，它们就能安静地休息，等待晚上的捕猎行动。

叶海龙

叶海龙生活在澳大利亚附近的海域里，藏匿于海草之中。它们伪装得很成功，经常会有其他动物试图藏在它们身边，因为它们都以为叶海龙是真的海草！当微型甲壳类动物靠近叶海龙时，后者会用尖嘴把它们吸进去。过去，人们常常将叶海龙捉来当宠物，导致叶海龙差点灭绝。所幸叶海龙现在受到了澳大利亚政府的保护，能够平安地在大海里游来游去。但是，危险并未完全消失。和其他海洋动物一样，叶海龙面临着海洋污染带来的威胁。只有我们人类停止污染海洋，叶海龙的生存威胁才会消失。

体长

哪种动物的身体最长？

2

发形霞水母是世界上第二长的动物，它们的身体就像果冻一样，还有长长的有毒触手。在寒冷的北极水域，发形霞水母的伞形身躯能长到2米多宽，触手有37米长。它们会用触手麻醉猎物，然后将其拖到身体下面的洞里。这个洞既是水母的嘴巴又是它们的屁股，即食物和粪便共用一个通道。幸好发形霞水母没有大脑，它们不需要思考这个问题。

发形霞水母

37 米

巨大的螺旋状管水母

海洋深处漂浮着一种长长的螺旋状生物，这种生物就是管水母。科学家发现，最长的管水母超过50米，足以让它们在体长比赛中名列第二！但是，管水母并不是单个动物，而是由成千上万个相互依附的异形个员集合而成。因此，管水母不能成为排名第二长的动物。也许，管水母是世界上异形个员组成的最长动物。

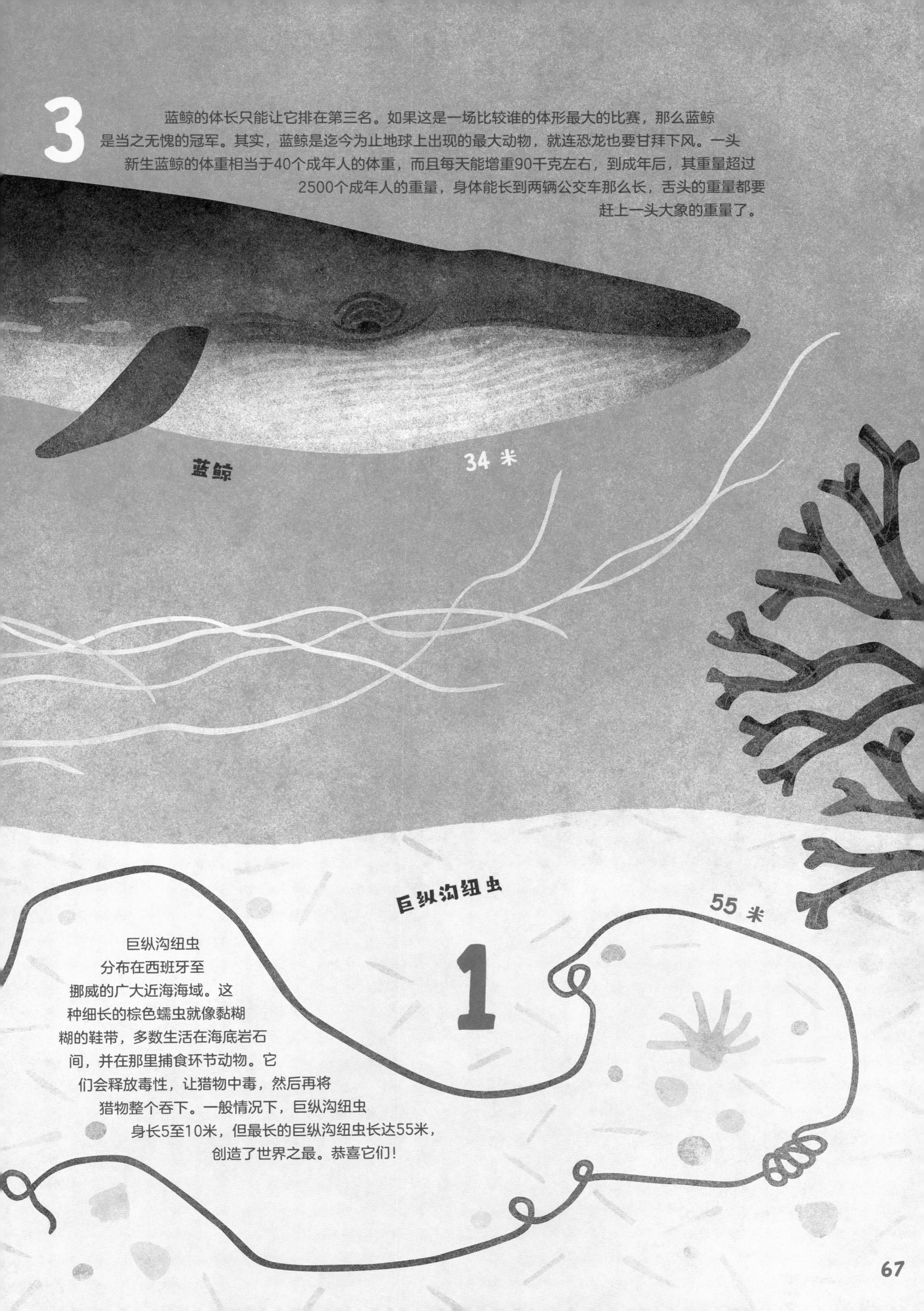
3
蓝鲸的体长只能让它排在第三名。如果这是一场比较谁的体形最大的比赛，那么蓝鲸是当之无愧的冠军。其实，蓝鲸是迄今为止地球上出现的最大动物，就连恐龙也要甘拜下风。一头新生蓝鲸的体重相当于40个成年人的体重，而且每天能增重90千克左右，到成年后，其重量超过2500个成年人的重量，身体能长到两辆公交车那么长，舌头的重量都要赶上一头大象的重量了。
蓝鲸
34 米
巨纵沟纽虫
55 米
1
巨纵沟纽虫分布在西班牙至挪威的广大近海海域。这种细长的棕色蠕虫就像黏糊糊的鞋带，多数生活在海底岩石间，并在那里捕食环节动物。它们会释放毒性，让猎物中毒，然后再将猎物整个吞下。一般情况下，巨纵沟纽虫身长5至10米，但最长的巨纵沟纽虫长达55米，创造了世界之最。恭喜它们！

睡眠

动物是怎么睡觉的？要睡多久？

小鸟的梦

为了深入研究动物的睡眠，科学家曾在它们头上安装了微型设备，监测它们的大脑。结果发现，斑胸草雀在睡觉时，大脑里发出的信号和白天鸣叫时发出的信号一样。科学家就此认为，鸟儿做梦时会梦见自己在唱歌。

屁股肉垫

非洲大草原上到处是饥饿的狮子，所以在那里躺下休息是件非常危险的事。因此，长颈鹿都站着睡觉，每次只睡几分钟。偶尔它们也会躺下打个盹儿。长颈鹿能把长脖子向后拧，将脑袋枕在屁股上休息。

自制睡袋的鱼

每当夜幕降临，污色绿鹦嘴鱼都会把自己塞进一个黏糊糊的自制睡袋里。这个胶状睡袋能保护污色绿鹦嘴鱼免遭寄生虫的攻击。

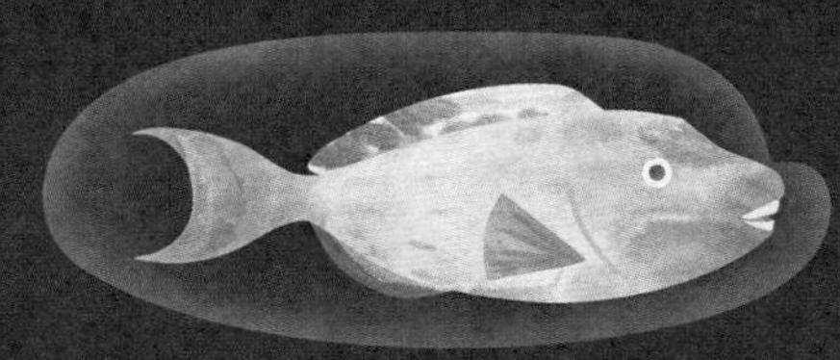

半梦半醒

海豚睡觉时会有点小麻烦：它们不能在水下呼吸。为了让肺部吸气，它们会把头伸出水面，张开一个小小的呼吸孔。这个动作每分钟要重复好几次，即使在睡觉时也是如此。所以，它们睡觉时只有半个大脑在休息。这意味着海豚可以一边睡觉，一边保持清醒，防止自己被淹死。

谁睡觉睡得最多？

1 树袋熊

树袋熊可是出了名的爱睡觉。它们需要通过睡觉保存体力，消化之前吃下的桉树叶——这种树叶几乎没什么动物会吃。树袋熊每天的睡眠时间长达14.5小时，放松时间有5小时，有些树袋熊甚至可以睡22小时，剩下大部分时间都在吃东西。

22个小时

2 囊鼠

囊鼠生活在美国沙漠里，每天要睡20.1小时。囊鼠还去过外太空。1972年，5只囊鼠踏上了它们的月球之旅。鉴于囊鼠每天清醒的时间不足4小时，没人知道它们在整个月球之旅中究竟能欣赏多少沿途风光。

20.1 个小时

3 披毛犰狳

披毛犰狳以昆虫为食，生活在南美洲。它们的身体上覆盖着坚硬的鳞片，鳞片间有浓密的毛发。披毛犰狳擅长挖洞，大部分时间它们都生活在地下。科学家发现，它们每天的睡眠时间长达18.1个小时，和囊鼠的睡眠时间相差2小时左右。

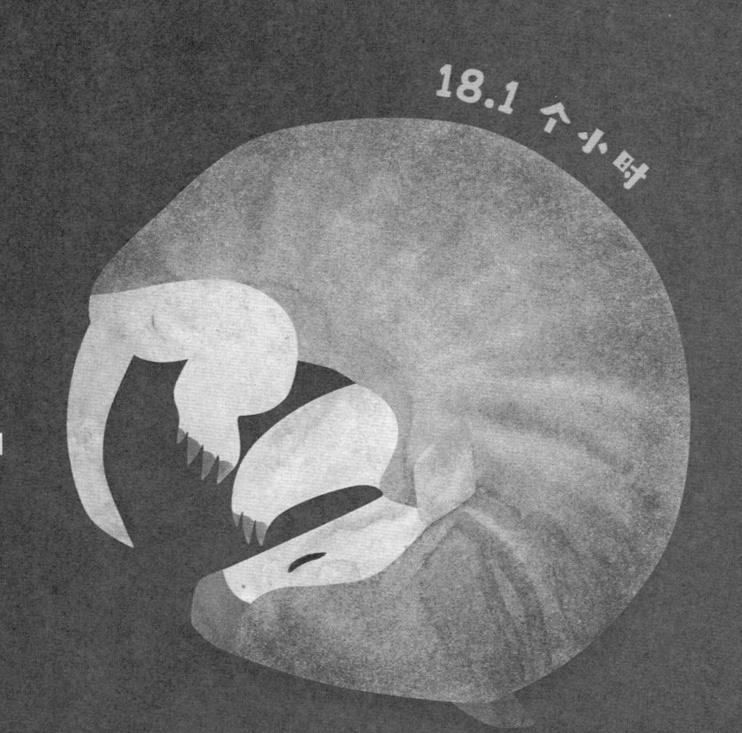

寿命

动物最长能活多久？
蜉蝣真的只能活1天吗？

哪种动物的寿命最短？

腹毛动物

腹毛动物是一种以水生细菌为生的小动物。
它们的生命非常短暂，3天就能成虫，不到1周就会死亡。在此之前，它们会进行自我繁殖，新的腹毛动物会再次重复这个过程。

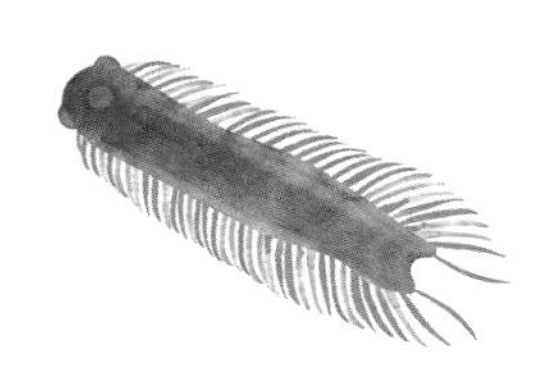

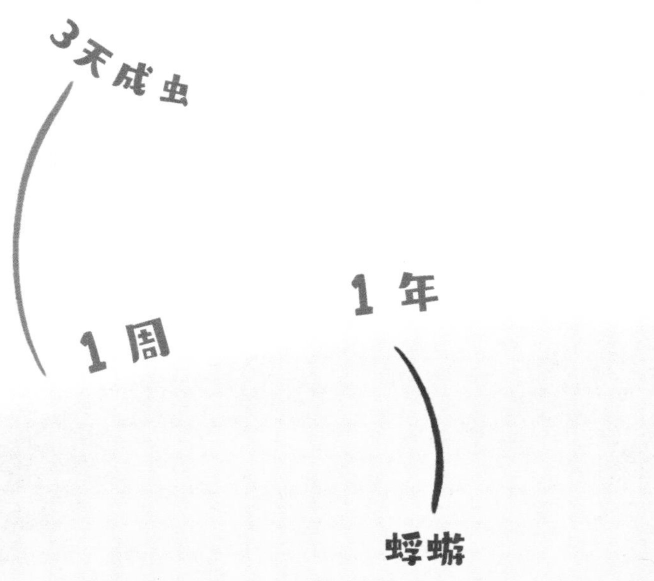

蜉蝣

有些蜉蝣的幼虫能在水中隐居 1 年多，
一旦它们长出翅膀变成成虫，就没多少日子可活了。
最忙的当属雌性美洲多拉尼亚蜉蝣。它们成虫后只能活 5 分钟，
并在这短暂的一生中完成交配和产卵。

信天翁

66 年

100 年

鹦鹉

鹦鹉多数能活到50至70年，和人类的寿命差不多长。据说，有些宠物鹦鹉能活到100多岁。其实，体形这么小的动物能活这么久是很罕见的。鹦鹉能活这么久的其中一个原因就在于，它们体内的细胞具有强大的自我修复能力。

大象

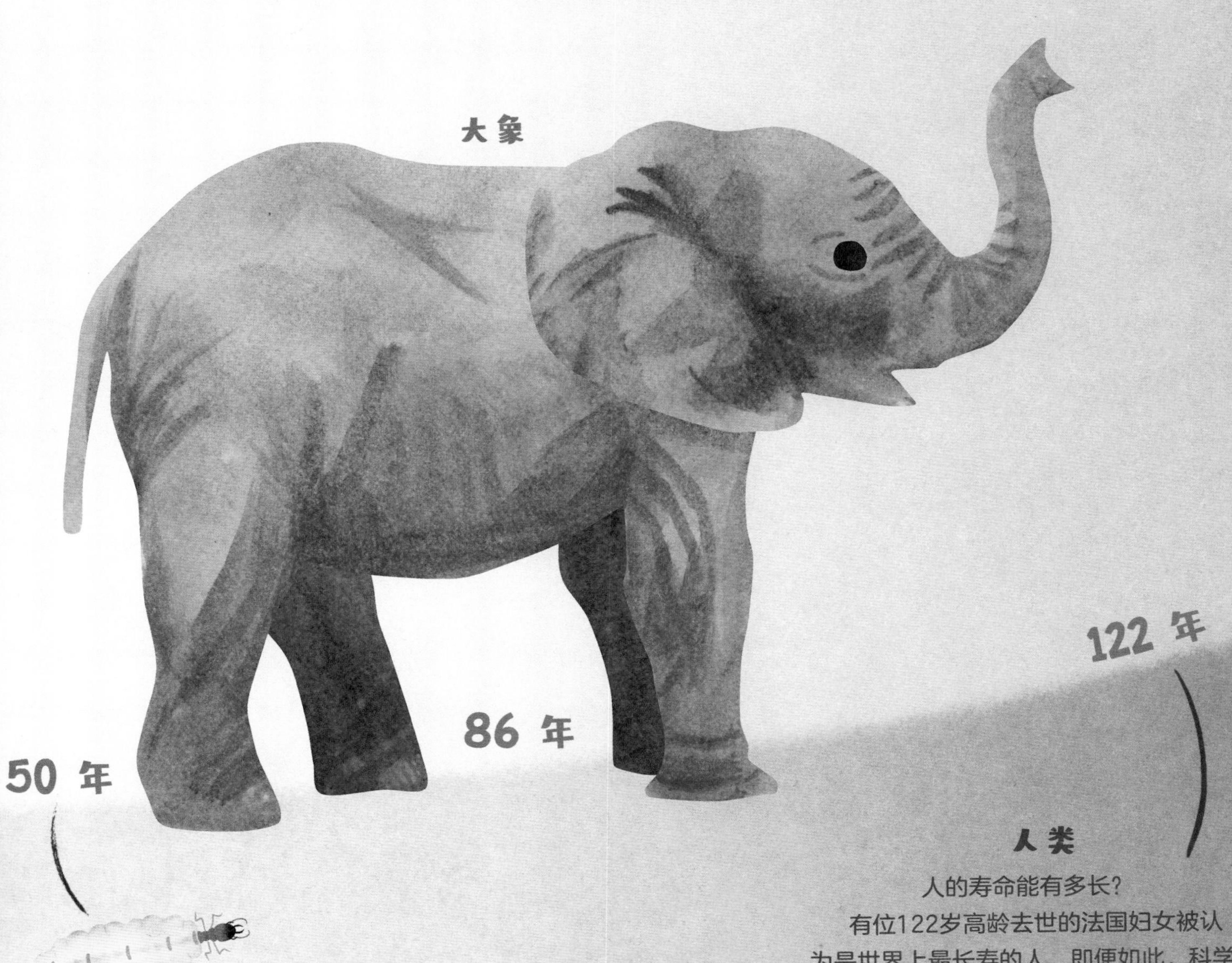

86 年

50 年

白蚁蚁后

虽然大部分白蚁的寿命不足2年，但蚁后可以活到50多岁。它是整个白蚁群的母亲，一生之中能产下几百万只白蚁！

122 年

人类

人的寿命能有多长？有位122岁高龄去世的法国妇女被认为是世界上最长寿的人。即便如此，科学家也不能完全确定她真的活到了那个岁数。或许，人类的寿命比122年还要长？

哪种动物的寿命最长？ →

哪种动物的寿命最长？

弓头鲸

弓头鲸是最长寿的哺乳动物之一，能活到200多岁。弓头鲸会一直长到40岁，那时它的身长能达到14至18米。现在，科学家想知道，弓头鲸为什么能活这么久，却不得癌症或其他疾病。也许科学家能发现弓头鲸长寿的秘密，进而为人类开发更好的药物。

北极蛤

2006年，一队科学家发现了一种最古老的动物：一只507岁的北极蛤！假如让它静静地待在海底，或许没人知道它究竟还可以活多久。

200 年

400 年

500 年

格陵兰睡鲨

格陵兰睡鲨总是不慌不忙的样子。它们的移动速度比人类散步时还要慢，生长速度为每年1厘米，一直长到150多岁。科学家发现了一条近400岁的格陵兰睡鲨，并推测这种动物能活500多年。

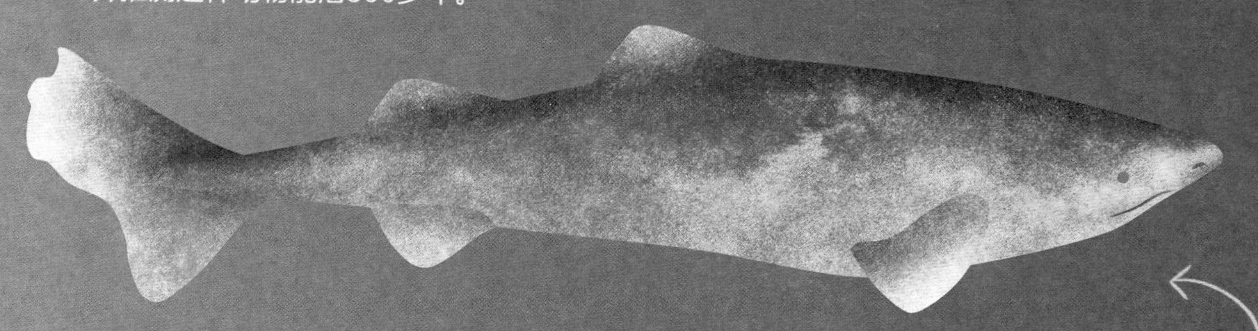

150 岁的孩子

永恒的生命？

水母的生活方式很奇特。水母的最初形态是微小、游动的幼虫，随后有些水母会附着在海底，变得像一株植物。过段时间，这株“植物”就开始释放小水母。小水母逐渐长大并在随后产卵。此后，大多数水母的生命将走向尽头。但是，也有一个例外。有一种水母叫灯塔水母，这种水母有返老还童之术！它们不会死亡，只会缩小，沉到海底，然后变回早期如同植物一样的形态，最后再开启一段新的生命之旅。

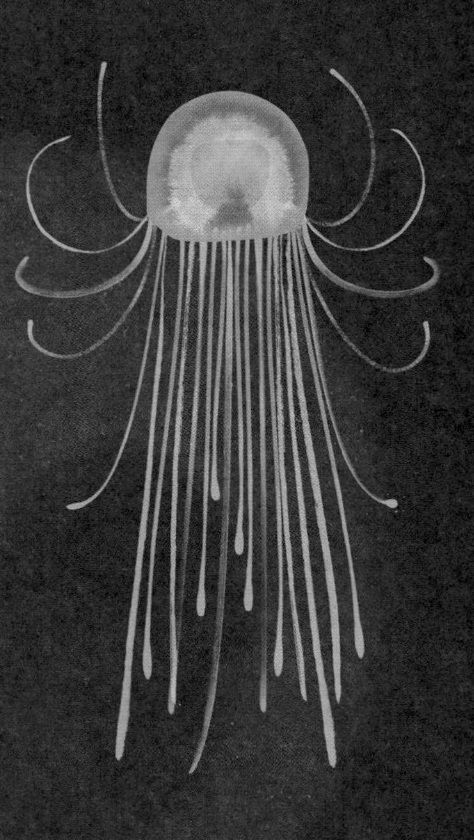

灯塔水母

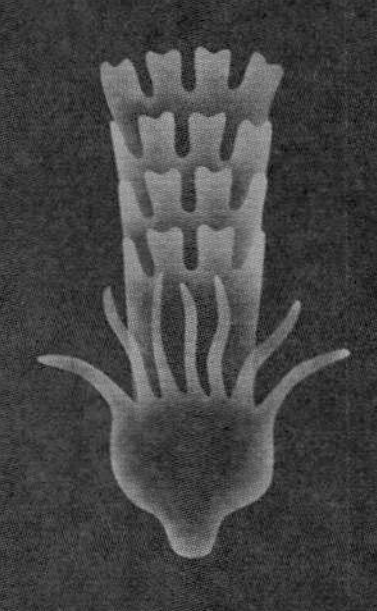

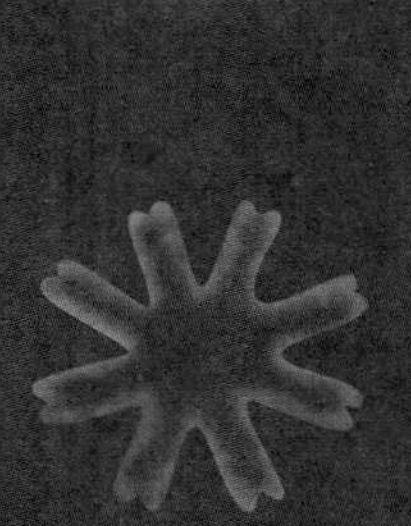

11000 年

海绵

虽然海绵没有手、脚、内脏、神经，但它们的确是动物。它们静静地坐在海床上，捕捉飘过身体的食物残渣。几千年来，它们一直维持着这种生存状态。有些科学家认为，他们研究过的海绵已经活了11000年。这就意味着，这些海绵经历过最近的那次冰河时代，在埃及金字塔建造时期就已经存在，并在整个维京时代都坐在海床上。

源自冰河时代

动物的未来

本书所介绍的动物中有几种动物正面临灭绝的风险。为什么有些动物会灭绝呢？我们对此又能做些什么呢？

周围的动物

栖息地消失是动物灭绝的一个最主要原因。当我们砍伐森林、引水入渠时，动物的栖息地就逐渐消失了。所以，我们不能修建太多的房屋、道路、购物中心，我们要为动物们留下栖息地。即使身处市区，我们也能为动物做很多事情。如果家里有花园、阳台，就能种些植物，为昆虫提供食物和住所，因为蝴蝶喜欢在荨麻上产卵，大黄蜂喜欢花草地。或者，我们可以在树上造个盒子，让小鸟在里面安家。

海洋最深处的塑料袋

海洋里的塑料超过了25万吨，相当于1000多只蓝鲸的重量。就连海洋中最深的地方也出现了垃圾。科学家在海洋下1万米处发现了一个白色购物袋。对于海鸟、鱼类和其他许多动物来讲，塑料很危险。它们经常会把塑料误认成食物，但误食塑料会要了它们的命。同时，动物们会被这些垃圾缠住，即使“海洋清道夫”海参也不能清理这些垃圾。我们能做的就是少用塑料，把它们扔进垃圾箱，而不是丢进大自然里。下次出门旅行时捡些塑料垃圾吧！

打破纪录的雨林

亚马孙雨林是世界上最大的雨林。据估计，在这片绿色丛林中生活着几百万种不同的动物。其中不少动物人类都未曾见过！人类的毁林开荒使亚马孙雨林的面积不断锐减。只有努力保护亚马孙雨林，亚马孙雨林中的动物、植物、人类才得以平安无事，我们才有机会了解到更多有关亚马孙雨林的信息。科学家曾在短短4年间就在亚马孙雨林中发现了400多种新物种。也许当你读到这本书时，科学家又在亚马孙雨林中发现了一个新的“纪录创造者”。

海底城市

在我们已知的海洋生物中，以珊瑚礁为家的海洋生物大约占到了1/4。珊瑚礁是海洋里的大城市。虽然珊瑚像植物，却是由无数的小珊瑚虫聚集而成的。当珊瑚和海藻一起生长时，它们就形成了色彩斑斓的巨大珊瑚礁。珊瑚礁很脆弱，如果我们再不保护它们，它们就有可能消失。污染、过度捕捞、气候变化都对珊瑚礁构成了威胁。因此，我们需要下大力气拯救它们。值得庆幸的是，参与环境保护的人越来越多，只要我们齐心协力，地球依然是很多动物的家园。

动物列表

参考文献

本书创作时参考了各种专业书籍、百科全书以及网络文章。下面是本书的参考文献：

速度

Buskey, E.J., & Hartline, D. K. (2003). High-Speed Video Analysis of the Escape Responses of the Copepod Acartia tonsa to Shadows. Biological Bulletin, 204(1), 28-37. doi:10.2307/1543493

Fastest bird (diving). Lastet ned 16.4.20 fra Guiness World Records' nettsider: https://www.guinnessworldrecords.com

Harpole, T. (2005). Falling with the Falcon. Hentet 16.4.2020 fra Air & Space Magazine: https://www.airspacemag.com/flight-today/falling-with-the-falcon-7491768/?c=y&page=3

Sharp, N. C. C. (1997). Timed running speed of a cheetah (Acinonyx jubatus). Journal of Zoology, 241(3), 493-494. doi:10.1111/j.1469-7998.1997.tb04840.x

Svetlichny, L., Larsen, P. S., & Kiørboe, T. (2018). Swim and fly: escape strategy in neustonic and planktonic copepods. The Journal of Experimental Biology, 221(2), jeb167262. doi:10.1242/jeb.167262

跳高

Burrows, M. (2006). Jumping performance of froghopper insects. Journal of Experimental Biology, 209(23), 4607. doi:10.1242/jeb.02539

Cadiergues, M.-C., Joubert, C., & Franc, M. (2000). A comparison of jump performances of the dog flea, Ctenocephalides canis (Curtis, 1826) and the cat flea, Ctenocephalides felis felis (Bouché, 1835). Veterinary Parasitology, 92(3), 239-241. doi:10.1016/S0304-4017(00)00274-0

Goldman, A. (2008, 1.9). How high? Tiger attacks spark wall worries. NBC News. Hentet 17.4.2020 fra: http://www.nbcnews.com/

National Geographic. Impala. Hentet 29.7.2020 fra: < https://www.nationalgeographic.com/animals/mammals/i/impala/

puma i *Store norske leksikon* på snl.no. Hentet 17.4.2020 fra: https://snl.no/puma

Sudo, S., Shiono, M., Kainuma, T., Shirai, A., & Hayase, T. (2013). Observations on the Springtail Leaping Organ and Jumping Mechanism Worked by a Spring. Journal of Aero Aqua Bio-mechanisms, 3(1), 92-96. doi:10.5226/jabmech.3.92

毒性

Davies, E. (2015). One animal is more venomous than any other. Hentet 24.6.2019 fra: http://www.bbc.com/earth/story/20151022-one-animal-is-more-venomous-than-any-other

Dutertre, S., Jin, A. H., Alewood, P. F., & Lewis, R. J. (2014). Intraspecific variations in Conus geographus defence-evoked venom and estimation of the human lethal dose. Toxicon, 91, 135-144. doi:10.1016/j.toxicon.2014.09.011

Sverdrup-Thygeson, A., & Sverdrup-Thygeson, T. (2018). Insektenes planet: om de rare, nyttige og fascinerende småkrypene vi ikke kan leve uten. Oslo: Stenersens forlag.

血液

Bobrowiec, P. E. D., Lemes, M. R., & Gribel, R. (2015). Prey preference of the common vampire bat (Desmodus rotundus, Chiroptera) using molecular analysis. Journal of Mammalogy, 96(1), 54-63. doi:10.1093/jmammal/gyu002

Farmer, G. J., Beamish, F. W. H., & Robinson, G. A. (1975). Food consumption of the adult landlocked sea lamprey, Petromyzon marinus, L. Comparative Biochemistry and Physiology Part A: Physiology, 50(4), 753-757. doi:10.1016/0300-9629(75)90141-3

Jackson, M. (2004). The humble leech's medical magic. Hentet 17.4.2020 fra: http://news.bbc.co.uk/2/hi/health/3858087.stm

McKenzie, K. E. (1998). Largest blood meal. In University of Florida Book of Insect Records: Department of Entomology & Nematology. Hentet fra: http://entnemdept.ufl.edu/walker/ufbir/chapters/chapter_31.shtml

汗液

Hogenboom, M. (2016). Our weird lack of hair may be the key to our success. Hentet 27.10.2019 fra BBC Earth: http://www.bbc.com/earth/story/20160801-our-weird-lack-of-hair-may-be-the-key-to-our-success

Jablonski, N. G. (2010). The naked truth. Scientific American, 302(2), 42. doi:10.1038/scientificamerican0210-42

Mahoney, S. A. (1980). Cost of locomotion and heat balance during rest and running from 0 to 55 degrees C in a patas monkey. Journal of Applied Physiology, 49(5), 789-800. doi:10.1152/jappl.1980.49.5.789

尿液

Breithaupt, T., & Eger, P. (2002). Urine makes the difference. Journal of Experimental Biology, 205(9), 1221. Hentet fra: http://jeb.biologists.org/content/205/9/1221.abstract

Kaufman, R. (2012). Turtles Urinate Via Their Mouths—A First. Hentet 31.7.2019 fra: https://www.nationalgeographic.com/news/2012/10/121012-turtles-urine-pee-mouth-science-animals-weird/

Urity, V. B., Issaian, T., Braun, E. J., Dantzler, W. H., & Pannabecker, T. L. (2012). Architecture of kangaroo rat inner medulla: segmentation of descending thin limb of Henle's loop. American journal of physiology. Regulatory, integrative and comparative physiology, 302(6), R720-R726. doi:10.1152/ajpregu.00549.2011

世界上最大的厕所

Allgeier, J. E., Valdivia, A., Cox, C., & Layman, C. A. (2016). Fishing down nutrients on coral reefs. Nature Communications, 7(1), 12461. doi:10.1038/ncomms12461

Keim, B. (2012). The Hidden Power of Whale Poop. Hentet 1.3.2020 fra: https://www.wired.com/2012/08/blue-whale-poop/

Roman, J., & McCarthy, J. J. (2010). The Whale Pump: Marine Mammals Enhance Primary Productivity in a Coastal Basin. PloS one, 5(10), e13255. doi:10.1371/journal.pone.0013255

Shantz, A. A., Ladd, M. C., Schrack, E., & Burkepile, D. E. (2015). Fish-derived nutrient hotspots shape coral reef benthic communities. Ecological Applications, 25(8), 2142-2152. doi:10.1890/14-2209.1

便便

Cassidy, J. (2019). Meet The Mites That Live On Your Face. Hentet 18.3.2020 fra: https://www.npr.org/sections/health-shots/2019/05/21/725087824/meet-the-mites-that-live-on-your-face

Daley, J. (2018). Adelie Penguins Poop So Much, Their Feces Can Be Seen From Space. Hentet 1.3.2020 fra: https://www.smithsonianmag.com/smart-news/how-watching-poo-space-revealing-history-antarcticas-penguins-180971031/

Frafjord, Karl: koprofagi i Store norske leksikon på snl.no. Hentet 18.3.2020 fra: https://snl.no/koprofagi

Hrala, J. (2018). This Is The Horror Sloths Go Through Every Time They Have to Poop. Hentet 18.3.2020 fra: https://www.sciencealert.com/this-is-the-horror-that-sloths-have-to-go-through-every-time-they-poop

Root, T. (2018). Why is wombat poop cube-shaped? Hentet 18.3.2020 fra: https://www.nationalgeographic.com/animals/2018/11/wombat-poop-cube-why-is-it-square-shaped/

Stears, K., McCauley, D. J., Finlay, J. C., Mpemba, J., Warrington, I. T., Mutayoba, B. M., . . . Brashares, J. S. (2018). Effects of the hippopotamus on the chemistry and ecology of a changing watershed. Proceedings of the National Academy of Sciences, 115(22), E5028. doi:10.1073/pnas.1800407115

爱

Albo, M. J., Winther, G., Tuni, C., Toft, S., & Bilde, T. (2011). Worthless donations: male deception and female counter play in a nuptial gift-

giving spider. BMC Evolutionary Biology, 11(1), 329. doi:10.1186/1471-2148-11-329

Gabbatiss, J. (2016). Why pairing up for life is hardly ever a good idea. Hentet 17.4.2020 fra BBC Earth: http://www.bbc.com/earth/story/20160213-why-pairing-up-for-life-is-hardly-ever-a-good-idea

Haug, Tore. (2020, 28. mars). klappmyss. I Store norske leksikon. Hentet 17.4.2020 fra: https://snl.no/klappmyss

Masonjones, H. D., & Lewis, S. M. (1996). Courtship Behavior in the Dwarf Seahorse, Hippocampus zosterae. Copeia, 1996(3), 634-640. doi:10.2307/1447527

The Cornell Lab of Ornithology: Birds-of-Paradise Project. Hentet 15.4.2020 fra: http://www.birdsofparadiseproject.org/#!/55/About%20the%20Project

Toft, S., & Albo, M. J. (2016). The shield effect: nuptial gifts protect males against pre-copulatory sexual cannibalism. Biology Letters, 12(5), 20151082. doi:10.1098/rsbl.2015.1082

Young, L. C., & VanderWerf, E. A. (2014). Adaptive value of same-sex pairing in Laysan albatross. Proceedings of the Royal Society B: Biological Sciences, 281(1775), 20132473. doi:10.1098/rspb.2013.2473

噪声

Davies, E. (2016). The world's loudest animal might surprise you. Hentet 19.11.2019 fra BBC Earth: http://www.bbc.com/earth/story/20160331-the-worlds-loudest-animal-might-surprise-you

Holtebekk, Trygve; Myren, Sverre K.; Ulseth, Trond: desibel i Store norske leksikon på snl.no. Hentet 19.11.2020 fra: https://snl.no/desibel

Podos, J., & Cohn-Haft, M. (2019). Extremely loud mating songs at close range in white bellbirds. Current Biology, 29(20), R1068-R1069. doi:10.1016/j.cub.2019.09.028

Riley, A. (2016). This shrimp is carrying a real-life working stun gun. Hentet 19.11.2019 fra BBC Earth: http://www.bbc.com/earth/story/20160129-the-shrimp-that-has-turned-bubbles-into-a-lethal-weapon

Shearer, B., Halenar, L., Pagano, A., Reidenberg, J., & Laitman, J. (2015). New Insights into Howler Monkey Vocal Tract Anatomy via 3-Dimensional Imaging Technology. The FASEB Journal, 29(1_supplement), 867.868. doi:10.1096/fasebj.29.1_supplement.867.8

放屁

Caruso, N. & Rabaiotti, D. (2018). Kan dyr prompe? : den ultimate guiden til dyrenes flatulens (J. Bjarkøy, oversetter). Cappelen Damm

Nauer, P. A., Hutley, L. B., & Arndt, S. K. (2018). Termite mounds mitigate half of termite methane emissions. Proceedings of the National Academy of Sciences, 115(52), 13306. doi:10.1073/pnas.1809790115

臭味

Fox-Skelly, J. (2015). The smelliest animals in the world. Hentet 10.11.2019 fra BBC Earth: http://www.bbc.com/earth/story/20150610-why-its-good-to-smell-bad

Nelson, B. (2014). 11 animals that use odor as a weapon. Hentet 8.11.2019 fra: https://www.mnn.com/earth-matters/animals/photos/11-animals-that-use-odor-as-a-weapon/

One Kind Planet: Top 10 Smelliest Animals. Hentet 10.11.2019 fra: https://onekindplanet.org/top-10/top-10-worlds-smelliest-animals/

Waldron, P. (2014). ScienceShot: The Secrets of the 'Goaty Smell'. Hentet 10.11.2019 fra Science Magazine: https://www.sciencemag.org/news/2014/02/scienceshot-secrets-goaty-smell

香味

Brian, W., Michael, T., Craig, W., & Benjamin, S. (2004). A survey of frog odorous secretions, their possible functions and phylogenetic significance. Applied Herpetology, 2(1), 47-82. doi:10.1163/1570754041231587

Christensen, T. B. (2013). Reddet i tolvte time. Hentet 31.10.2019 fra: https://naturvernforbundet.no/naturogmiljo/reddet-i-tolvte-time-article28799-1024.html

Jesse, L. Lemon-Scented Ants May Lurk in Your Garden. Hentet 30.10.2019 fra: https://www.extension.iastate.edu/news/2008/feb/070801.htm

Langley, L. (2016). Why This Animal's Pee Smells Like Hot Buttered Popcorn. Hentet 31.10.2019 fra: https://www.nationalgeographic.com/news/2016/04/160423-dogs-animals-pets-smell-science-scents/

Marek, P. E., & Bond, J. E. (2006). Phylogenetic systematics of the colorful, cyanide-producing millipedes of Appalachia (Polydesmida, Xystodesmidae, Apheloriini) using a total evidence Bayesian approach. Mol Phylogenet Evol, 41(3), 704-729. doi:10.1016/j.ympev.2006.05.043

Urlacher, E., Francés, B., Giurfa, M., & Devaud, J.-M. (2010). An alarm pheromone modulates appetitive olfactory learning in the honeybee (apis mellifera). Frontiers in behavioral neuroscience, 4, 157. doi:10.3389/fnbeh.2010.00157

Whitfield, J. (2003). Citrus smell attracts seabirds. Nature News. doi:10.1038/news030512-5

进食

BBC News. How a giant python swallowed an Indonesian woman. (2018). Hentet 16.4.2020 fra: https://www.bbc.com/news/world-asia-39427462

Catania, K. C., & Remple, F. E. (2005). Asymptotic prey profitability drives star-nosed moles to the foraging speed limit. Nature, 433(7025), 519-522. doi:10.1038/nature03250

Davies, E. (2017). The blue whale is not the only animal with a huge appetite. Hentet 16.4.2020 fra BBC Earth: http://www.bbc.com/earth/story/20170410-the-blue-whale-is-not-the-only-animal-with-a-huge-appetite

Wells, M. D., Manktelow, R. T., Brian Boyd, J., & Bowen, V. (1993). The medical leech: An old treatment revisited. Microsurgery, 14(3), 183-186. doi:10.1002/micr.1920140309

牙齿

Barber, A. H., Lu, D., & Pugno, N. M. (2015). Extreme strength observed in limpet teeth. Journal of The Royal Society Interface, 12(105), 20141326. doi:10.1098/rsif.2014.1326

Bryce, E. (2019). What Is the Toothiest Animal on Earth? Hentet 26.1.2020 fra: https://www.livescience.com/65009-animal-with-most-teeth.html

Davies, E. (2016). One creature had a bite more powerful than any other. Hentet 26.1.2020 fra BBC Earth: http://www.bbc.com/earth/story/20160817-one-creature-had-a-bite-more-powerful-than-any-other

Nweeia, M. T., Eichmiller, F. C., Hauschka, P. V., Donahue, G. A., Orr, J. R., Ferguson, S. H., . . . Kuo, W. P. (2014). Sensory ability in the narwhal tooth organ system. The Anatomical Record, 297(4), 599-617. doi:10.1002/ar.22886

舌头

Anderson, C. V. (2016). Off like a shot: scaling of ballistic tongue projection reveals extremely high performance in small chameleons. Scientific Reports, 6(1), 18625. doi:10.1038/srep18625

Deban, S. M., Reilly, J. C., Dicke, U., & van Leeuwen, J. L. (2007). Extremely high-power tongue projection in plethodontid salamanders. Journal of Experimental Biology, 210(4), 655. doi:10.1242/jeb.02664

Fisher, R. (2006). The bat with the incredibly long tongue. New Scientist. Hentet 19.4.2020 fra https://www.newscientist.com/article/dn10721-the-bat-with-the-incredibly-long-tongue/

Muchhala, N., & Pablo Jarrin, V. (2002). Flower Visitation by Bats in Cloud Forests of Western Ecuador. Biotropica, 34(3), 387-395. Hentet 19.4.2020 fra www.jstor.org/stable/4132937

大脑

Clarkson, J. (2017). Animal brains v human brains – let the Battle of the Brains commence! BBC Science Focus. Hentet 26.3.2020 fra https://

www.sciencefocus.com/nature/animal-brains-v-human-brains-let-the-battle-of-the-brains-commence/

Eberhard, W. G., & Wcislo, W. T. (2011). Grade Changes in Brain–Body Allometry: Morphological and Behavioural Correlates of Brain Size in Miniature Spiders, Insects and Other Invertebrates. In J. Casas (Ed.), Advances in Insect Physiology (Vol. 40, pp. 155-214): Academic Press.

Fox, K. C. R., Muthukrishna, M., & Shultz, S. (2017). The social and cultural roots of whale and dolphin brains. Nature Ecology & Evolution, 1(11), 1699-1705. doi:10.1038/s41559-017-0336-y

Marino, L., Connor, R. C., Fordyce, R. E., Herman, L. M., Hof, P. R., Lefebvre, L., . . . Whitehead, H. (2007). Cetaceans Have Complex Brains for Complex Cognition. PLOS Biology, 5(5), e139. doi:10.1371/journal.pbio.0050139

Quesada, R., Triana, E., Vargas, G., Douglass, J. K., Seid, M. A., Niven, J. E., . . . Wcislo, W. T. (2011). The allometry of CNS size and consequences of miniaturization in orb-weaving and cleptoparasitic spiders. Arthropod Structure & Development, 40(6), 521-529. doi:10.1016/j.asd.2011.07.002

眼睛

Garm, A., Oskarsson, M., & Nilsson, D. E. (2011). Box jellyfish use terrestrial visual cues for navigation. Curr Biol, 21(9), 798-803. doi:10.1016/j.cub.2011.03.054

Li, L., Connors, M. J., Kolle, M., England, G. T., Speiser, D. I., Xiao, X., . . . Ortiz, C. (2015). Multifunctionality of chiton biomineralized armor with an integrated visual system. Science, 350(6263), 952. doi:10.1126/science.aad1246

Palmer, B. A., Taylor, G. J., Brumfeld, V., Gur, D., Shemesh, M., Elad, N., . . . Addadi, L. (2017). The image-forming mirror in the eye of the scallop. Science, 358(6367), 1172. doi:10.1126/science.aam9506

Rosa, R., Lopes, V. M., Guerreiro, M., Bolstad, K., & Xavier, J. C. (2017). Biology and ecology of the world's largest invertebrate, the colossal squid (Mesonychoteuthis hamiltoni): a short review. Polar Biology, 40(9), 1871-1883. doi:10.1007/s00300-017-2104-5

Speiser, Daniel I., Eernisse, Douglas J., & Johnsen, S. (2011). A Chiton Uses Aragonite Lenses to Form Images. Current Biology, 21(8), 665-670. doi:10.1016/j.cub.2011.03.033

鼻子

Gorman, J. (2018). The Elephant's Superb Nose. The New York Times. Hentet 11.6.2020 fra https://www.nytimes.com/2018/06/19/science/elephants-smell-trunk.html

Shoshani, J. (2001). Tubulidentata (Aardvarks). eLS. doi:10.1038/npg.els.0001578

Togunov, R. R., Derocher, A. E., & Lunn, N. J. (2017). Windscapes and olfactory foraging in a large carnivore. Scientific Reports, 7(1), 46332. doi:10.1038/srep46332

味觉

Davies, R. O., Kare, M. R., & Cagan, R. H. (1979). Distribution of taste buds on fungiform and circumvallate papillae of bovine tongue. The Anatomical Record, 195(3), 443-446. doi:10.1002/ar.1091950304

Feng, P., Zheng, J., Rossiter, S. J., Wang, D., & Zhao, H. (2014). Massive Losses of Taste Receptor Genes in Toothed and Baleen Whales. Genome Biology and Evolution, 6(6), 1254-1265. doi:10.1093/gbe/evu095

Yarmolinsky, D. A., Zuker, C. S., & Ryba, N. J. P. (2009). Common sense about taste: from mammals to insects. Cell, 139(2), 234-244. doi:10.1016/j.cell.2009.10.001

夜视

Sekar, S. (2015). Which animal has the most sensitive eyes? Hentet 24.6.2019 fra BBC Earth: http://www.bbc.com/earth/story/20150219-the-worlds-most-sensitive-eyes

Warrant, E. J. (2008). Seeing in the dark: vision and visual behaviour in nocturnal bees and wasps. Journal of Experimental Biology, 211(11), 1737. doi:10.1242/jeb.015396

超能力

Fang, J. (2010). Snake infrared detection unravelled. Nature News. Hentet 29.7.2019 fra https://www.nature.com/news/2010/100314/full/news.2010.122.html

Gibbs, S. (2014). Google reinforces undersea cables after shark bites. The Guardian. Hentet 29.7.2019 fra https://www.theguardian.com/technology/2014/aug/14/google-undersea-fibre-optic-cables-shark-attacks

Muus, B. J. (1978). Europas ferskvannsfisk (2. utg. red.). Oslo: Gyldendal.

Wiltschko, R., & Wiltschko, W. (2013). The magnetite-based receptors in the beak of birds and their role in avian navigation. Journal of comparative physiology. A, Neuroethology, sensory, neural, and behavioral physiology, 199(2), 89-98. doi:10.1007/s00359-012-0769-3

旅行

Anderson, R. C. (2009). Do dragonflies migrate across the western Indian Ocean? Journal of Tropical Ecology, 25(4), 347-358. doi:10.1017/S0266467409006087

Bludd, E. K. (2019). Why does the humpback whale migrate? Hentet 2.2.2020 fra https://uit.no/nyheter/artikkel?p_document_id=622351

Bonfil, R., Meÿer, M., Scholl, M. C., Johnson, R., Brien, S., Oosthuizen, H., . . . Paterson, M. (2005). Transoceanic Migration, Spatial Dynamics, and Population Linkages of White Sharks. Science, 310(5745), 100. doi:10.1126/science.1114898

Croxall, J. P., Silk, J. R. D., Phillips, R. A., Afanasyev, V., & Briggs, D. R. (2005). Global Circumnavigations: Tracking Year-Round Ranges of Nonbreeding Albatrosses. Science, 307(5707), 249. doi:10.1126/science.1106042

Nebel, S. (2010) Animal Migration. Nature Education Knowledge 3(10):77. Hentet fra https://www.nature.com/scitable/knowledge/library/animal-migration-13259533/

Peter, D., Scott, B., & Creusa, H. (2008). Pacific Leatherback Sets Long-Distance Record. SWOT Report, III.

Ruben, C. F., Derick, H., Richard, A. P., & Jan van der, W. (2013). Arctic Terns Sterna paradisaea from the Netherlands Migrate Record Distances Across Three Oceans to Wilkes Land, East Antarctica. Ardea, 101(1), 3-12. doi:10.5253/078.101.0102

Stefanescu, C., Páramo, F., Åkesson, S., Alarcón, M., Ávila, A., Brereton, T., . . . Chapman, J. W. (2013). Multi-generational long-distance migration of insects: studying the painted lady butterfly in the Western Palaearctic. Ecography, 36(4), 474-486. doi:10.1111/j.1600-0587.2012.07738.x

Troast, D., Suhling, F., Jinguji, H., Sahlén, G., & Ware, J. (2016). A Global Population Genetic Study of Pantala flavescens. PloS one, 11(3), e0148949-e0148949. doi:10.1371/journal.pone.0148949

顽强的生物

Fox-Skelly, J. (2015). What does it take to live at the bottom of the ocean? Hentet 29.3.2020 fra BBC Earth: http://www.bbc.com/earth/story/20150129-life-at-the-bottom-of-the-ocean

Gerringer, M. E., Linley, T. D., Jamieson, A. J., Goetze, E., & Drazen, J. C. (2017). Pseudoliparis swirei sp. nov.: A newly-discovered hadal snailfish (Scorpaeniformes: Liparidae) from the Mariana Trench. Zootaxa, 4358(1), 161-177. doi:10.11646/zootaxa.4358.1.7

JAMSTEC (2017). Deepest Fish Ever Recorded – Documented at Depths of 8,178 m in Mariana Trench. Pressemelding lastet ned 1.6.2020 fra: https://www.jamstec.go.jp/e/about/press_release/20170824/

Kurzgesagt (Produsent). (2019). What's Hiding at the Most Solitary Place on Earth? The Deep Sea. Film hentet fra: https://www.youtube.com/watch?v=PaErPyEnDvk

Laybourne, R. C. (1974). Collision between a Vulture and an Aircraft at an Altitude of 37,000 Feet. The Wilson Bulletin, 86(4), 461-462. Hentet fra: www.jstor.org/stable/4160546

Netburn, D. (2014). In Alaska, wood frogs freeze for seven months, thaw and hop away. Hentet 29.3.2020 fra: https://www.latimes.com/science/sciencenow/la-sci-sn-alaskan-frozen-frogs-20140723-story.

html

Sullivan, R. L., & Grosch, D. S. (1953). The radiation tolerance of an adult wasp. Nucleonics, 11(3): 21–23.

The European Space Agency (2008). Tiny animals survive exposure to space. Hentet 5.4.2020 fra: http://www.esa.int/Science_Exploration/Human_and_Robotic_Exploration/Research/Tiny_animals_survive_exposure_to_space

Williams, C. (2010). Living on the edge. New Scientist, 208(2786), 36.

伪装

BBC Two: The Living Planet (dokumentarserie). (2011). Hidden in plain sight. Hentet fra: https://www.bbc.co.uk/programmes/p00l23kp

Encyclopædia Britannica (2016). Leaf insect. Hentet 25.3.2020 fra: https://www.britannica.com/animal/leaf-insect

Ligon, R. A., & McGraw, K. J. (2013). Chameleons communicate with complex colour changes during contests: different body regions convey different information. Biology Letters, 9(6), 20130892-20130892. doi:10.1098/rsbl.2013.0892

Meyer, F. (2013). How Octopuses and Squids Change Color. Hentet 25.3.2020 fra: https://ocean.si.edu/ocean-life/invertebrates/how-octopuses-and-squids-change-color

O'Hanlon, J. C., Herberstein, M. E., & Holwell, G. I. (2014). Habitat selection in a deceptive predator: maximizing resource availability and signal efficacy. Behavioral Ecology, 26(1), 194-199. doi:10.1093/beheco/aru179

体长

Encyclopædia Britannica (2019). Blue whale. Hentet 28.5.2019 fra: https://www.britannica.com/animal/blue-whale

Davies, E. (2016). The longest animal alive may be one you never thought of. Hentet 19.4.2020 fra BBC Earth: http://www.bbc.com/earth/story/20160420-the-longest-animal-alive-may-not-be-the-blue-whale

Gearty, W., McClain, C. R., & Payne, J. L. (2018). Energetic tradeoffs control the size distribution of aquatic mammals. Proceedings of the National Academy of Sciences, 115(16), 4194. doi:10.1073/pnas.1712629115

睡眠

Davies, E. (2015). What is the sleepiest animal on Earth? Hentet 25.2.2020 fra BBC Earth: http://www.bbc.com/earth/story/20151029-what-is-the-sleepiest-animal-on-earth

Walker, M. P. (2017). Why we sleep : unlocking the power of sleep and dreams. Penguin Books

Lesku, J. A., Roth, T. C., Rattenborg, N. C., Amlaner, C. J., & Lima, S. L. (2008). Phylogenetics and the correlates of mammalian sleep: A reappraisal. Sleep Medicine Reviews, 12(3), 229-244. doi:10.1016/j.smrv.2007.10.003

Nagy, K. A., & Martin, R. W. (1985). Field Metabolic Rate, Water Flux, Food Consumption and Time Budget of Koalas, Phascolarctos Cinereus (Marsupialia: Phascolarctidae) in Victoria. Australian Journal of Zoology, 33(5), 655-665. doi:10.1071/ZO9850655

寿命

Chen, A. (2019). How we know the oldest person who ever lived wasn't faking her age. Hentet 15.4.2020 fra: https://www.theverge.com/2019/1/9/18174435/oldest-person-alive-woman-age-jeanne-calment-controversy-longevity-mortality-statistics

George, J. C., Bada, J., Zeh, J., Scott, L., Brown, S. E., O'Hara, T., & Suydam, R. (1999). Age and growth estimates of bowhead whales (Balaena mysticetus) via aspartic acid racemization. Canadian Journal of Zoology, 77(4), 571-580. doi:10.1139/z99-015

Jochum, K. P., Wang, X., Vennemann, T. W., Sinha, B., & Müller, W. E. G. (2012). Siliceous deep-sea sponge Monorhaphis chuni: A potential paleoclimate archive in ancient animals. Chemical Geology, 300-301, 143-151. doi:10.1016/j.chemgeo.2012.01.009

Keane, M., Semeiks, J., Webb, A. E., Li, Y. I., Quesada, V., Craig, T., . . . de Magalhaes, J. P. (2015). Insights into the evolution of longevity from the bowhead whale genome. Cell Rep, 10(1), 112-122. doi:10.1016/j.celrep.2014.12.008

Petralia, R. S., Mattson, M. P., & Yao, P. J. (2014). Aging and longevity in the simplest animals and the quest for immortality. Ageing research reviews, 16, 66-82. doi:10.1016/j.arr.2014.05.003

Welch, C. H. (1998). Shortest Reproductive Life. In University of Florida Book of Insect Records: Department of Entomology & Nematology. Hentet fra: http://entnemdept.ufl.edu/walker/ufbir/chapters/chapter_37.shtml

Wirthlin, M., Lima, N. C. B., Guedes, R. L. M., Soares, A. E. R., Almeida, L. G. P., Cavaleiro, N. P., . . . Mello, C. V. (2018). Parrot Genomes and the Evolution of Heightened Longevity and Cognition. Current Biology, 28(24), 4001-4008.e4007. doi:10.1016/j.cub.2018.10.050

Wright, J. Gastrotricha. I Animal Diversity Web. Hentet 30.4.2020 fra https://animaldiversity.org/accounts/Gastrotricha/

动物的未来

Brandl, S. J., Rasher, D. B., Côté, I. M., Casey, J. M., Darling, E. S., Lefcheck, J. S., & Duffy, J. E. (2019). Coral reef ecosystem functioning: eight core processes and the role of biodiversity. Frontiers in Ecology and the Environment, 17(8), 445-454. doi:10.1002/fee.2088

Chiba, S., Saito, H., Fletcher, R., Yogi, T., Kayo, M., Miyagi, S., . . . Fujikura, K. (2018). Human footprint in the abyss: 30 year records of deep-sea plastic debris. Marine Policy, 96, 204-212. doi:10.1016/j.marpol.2018.03.022

Eriksen, M., Lebreton, L. C. M., Carson, H. S., Thiel, M., Moore, C. J., Borerro, J. C., . . . Reisser, J. (2014). Plastic Pollution in the World's Oceans: More than 5 Trillion Plastic Pieces Weighing over 250,000 Tons Afloat at Sea. PloS one, 9(12), e111913. doi:10.1371/journal.pone.0111913

National Ocean Service. Anthropogenic (Human) Threats to Corals. Hentet 16.4.2020 fra: https://oceanservice.noaa.gov/education/tutorial_corals/coral09_humanthreats.html

Naturvernforbundet. (2017). Invitér ville dyr. Hentet 7.6.2020 fra: https://naturvernforbundet.no/hage/inviter-ville-dyr-article32753-3649.html